茶知道

TEA KNOWS ALL

王金玲 著

浙江工商大学出版社 · 杭州

## 图书在版编目（CIP）数据

茶知道 / 王金玲著. — 杭州：浙江工商大学出版社，2022.3
（2022.6重印）（"茶生活"丛书）
ISBN 978-7-5178-4706-9

Ⅰ.①茶… Ⅱ.①王… Ⅲ.①茶文化–中国 Ⅳ.①TS971.21

中国版本图书馆CIP数据核字（2021）第208603号

# 茶知道
CHA ZHIDAO

王金玲 著

| | |
|---|---|
| 出 品 人 | 鲍观明 |
| 策划编辑 | 沈 娴 |
| 责任编辑 | 沈 娴 |
| 封面设计 | 观止堂_未氓 |
| 责任校对 | 夏湘娣 |
| 责任印制 | 包建辉 |
| 出版发行 | 浙江工商大学出版社 |
| | （杭州市教工路198号 邮政编码310012） |
| | （E-mail：zjgsupress@163.com） |
| | （网址：http://www.zjgsupress.com） |
| 电 话 | 0571-88904980，88831806（传真） |
| 排 版 | 南京观止堂文化发展有限公司 |
| 印 刷 | 浙江海虹彩色印务有限公司 |
| 开 本 | 880mm×1230mm 1/32 |
| 印 张 | 14.125 |
| 字 数 | 405 千 |
| 版 印 次 | 2022年3月第1版 2022年6月第2次印刷 |
| 书 号 | ISBN 978-7-5178-4706-9 |
| 定 价 | 128.00元 |

在中国社会，茶是一种生活内容。民谚所说"柴米油盐酱醋茶"中的茶，指的就是此。对大多数中国人来说，与米或面一样，茶是生活必需品；与吃饭一样，饮茶是生活中的必行之事。

在中国社会，茶也是一种生活方式。文人所云"琴棋书画诗酒茶"中的茶，礼仪所谓"客来泡茶，端茶送客"，说的就是此。对大多数中国人来说，请茶是一种生活中的礼仪。品茶是优雅生活和文化素养的一大表征，所喝之茶品质的高低是身份、名望、财富、权势等的一大体现。

在中国社会，茶还是一种生活构件乃至社会构件，并由此具有了独特的功能。比如，对大多数中国人而言，茶品是一种社交物品，茶聚是一种社交途径，茶馆是一种社交场所。故而，在中国，送人以好茶是一种社交常态，与三五好友一起品茶是一件乐事，而无处不在、层次不一的茶馆、茶室更是成为不同身份的人出于不同目的、原因交往和交流的一大场所。即使在互联网已成为人们交流和交往重要空间的今天，大小不一的茶馆、茶室仍在中国社会不时可见，在中国人的生活中发挥着重要作用。

对中国人而言，茶穿行在我们的生活中，建设着我们的生活，建构着我们的生活，使我们的生活成为一种茶生活。

自从文化成为一种研究对象，直至成为一个学术门类乃至学科，有关"文化"一词的定义就层出不穷。据说，在人文社科领域，被公认的具有权威性的有关"文化"一词的定义就达一百多种。就我个人浅见来说，"文化"即赋物、事、行为、现象等，以人类社会特有的意义。由此出发，"茶文化"就是赋予茶这一物质主体及与之相关的事物，如种茶、制茶、售茶、饮茶等，以人类社会特有的意义。故而，"碧螺春"之类的命名，武夷岩茶开采时的"喊山"，红茶销售时请有意购买者先品鉴的习俗，中国宋代的茶戏，日本的茶道，如此等等，都是茶被赋予了人类社会特有的意义后的产物，而非茶作为一种物质的本体意义所在。

茶最早是一种药物，史载神农尝百草，日遇七十毒，得茶解之，即是。据说至今在欧洲一些国家中，作为最早从中国进口的饮品——茶，仍在药店出售。后来，茶逐渐成为饮品。据专家考证，在中国，茶作为一种饮品在社会上大量出现的时间是在汉代，而正因为成了一种具有社会性和大众性的常用饮品，茶才被思想家或文人墨客赋予了人类社会的精神意义，茶及茶饮品才从物质层面上升到文化层面，茶生活才具有了文化的意蕴，被构建成一种文化——茶文化。

由此可见，茶的基本因子是物质，茶的缘起是生活。较之文化，对人本身而言，茶的生活性是更具基础性和根本性的特质。由此出发，当2015年我开始专心且认真地饮茶，力图从喝茶进入品茶的层面时，面对着茶文化的一枝独秀，我想到了"茶生活"一词。也许在这之前已有人提出"茶生活"这一名词或概念，但因我对茶领域了解不多，见少识浅，就姑且认为"茶生活"一词作为一种生活理念由我首先提出，至少在社会学界是如此——社会学是一门研究社会的学问，茶生活属于社会生活，所以，茶生活也应是社会学的一大研究对象和内容。我所提出的"茶生活"一词的基本概念是：从人的生活的层面去认知、了解茶，学会饮茶，从而使茶在提升身心健康水平，促进人与人、人与自然之间和谐相处中发挥更积极有效的作用。

以这一理念为基础，在中国社会学会领导、中国社会学会生活方式研究专业委员会领导的大力支持下，在诸多茶友的帮助下，中国社会学会生活方式研究专业委员会茶生活论坛于 2015 年成立，继而论坛开设了"茶生活论坛"微信公众号。茶生活论坛的宗旨是：以茶生活为核心，研究和推广良好的生活方式，从个人—家庭—社会三大层面，身体—心理—社会的适应性三大维度，全面改善和促进人的健康。以此为出发点，茶生活论坛组织茶友撰写了这一"茶生活"丛书，以交流茶知识，增进茶乐趣，拓展茶思维，深化茶感悟，提升茶生活品质，进一步以茶促进人们的健康，以茶推动社会的和谐和良性运行。

有茶缘之人，得茶之福。作者满怀幸福之感，写下有关茶生活的杂文，与大家分享，愿茶香满人间，愿茶福满人间。

茶是一种生活内容。要喝出健康，喝出舒适，就得知晓茶知识，从而喝上有利于健康的、适宜的茶。茶是一种生活方式。要喝出乐趣，喝出愉悦，就得了解茶，从而使喝茶成为一种享受和快乐。茶是一种生活构件，要在合适的时间、合适的环境，用合适的器物、水和方法，与合适的人一起品味合适的茶，获得茶乐趣、茶感悟，就得理解茶，从而喝出茶真味，喝出茶真知。

对我而言，喝茶是一件快乐之事。这一快乐不仅源自喝茶本身，也蕴于：与茶相关的人，如茶友；物，如茶具、茶宠；事，如观种茶、制茶、售茶，吟茶诗、唱茶歌、写茶文、看茶书、茶旅游；以及茶游戏，如摇岩茶画。茶趣无穷，茶乐无穷。

说起茶游戏，中国历史上最著名的当数南宋时发明的斗茶与茶百戏。将茶叶碾碎成末，置于黑釉茶盏（南宋时，福建建阳特产一种黑釉茶盏供斗茶之用，俗称"建盏"）中加沸水，均匀搅动，使茶末成膏糊状。继续注入沸水，同时用茶筅适当击打和搅动茶汤，让茶汤泛起泡沫。此为"斗茶"，其决定胜负的标准为茶沫的色泽（以纯白为上）和茶沫持续的时间（时间长者为佳），其间可欣赏茶具。茶百戏是将茶末置于茶盏，加入热水后以茶筅或茶匙搅动茶汤，形成白色泡沫，待泡沫出现并达到一定的厚度，或观形赋诗词，或直接在上写诗作画，然后相互间评诗比词、评画比画。这便是当时流行于文人之间，最后上达皇室，下至商贾富户，风靡一时的茶游戏——斗茶与茶百戏。我想，在当时，茶游戏当是给许多人带来诸多欢乐吧！

十分钦佩南宋文人们将这一俗物（茶叶）雅化，将日常生活化为某种艺术的理念和实践。这提示我们，如果"玩物"能玩到一定的境界和高度，那么，"玩物"不仅不会"丧志"，而且有可能达至艺术领域，进入文化殿堂，从而成为一种成就事业之举——"立业"。

认识到推广和推进茶生活的重要性和必要性，在南宋文人将饮茶生活艺术化、饮茶艺术生活化创举的导引下，受近几年来颇受人们尤其是青少年喜爱的"全知书"形式的启发，我撰写了此书，并将书名定为《茶知道》，就是希望在我自己已喝过的茶品范围内，综合相关茶品的色、香、味特征与茶思、茶悟等品茶之所得，赋予相关茶品以相应的茶语，从而在提高饮茶者对不同茶品的适应性、提升饮茶的趣味性的基础上，创造出一种新的茶游戏——"茶知道"游戏。

本书力图以一种自然的形态，以一种游戏的方式传播茶知识，交流茶生活心得，推动茶生活进程。读者可按目录逐篇阅读；可根据附录"茶品主产地分布"进行阅读；也可采用"全知书"的阅读法，信手翻页，翻到哪篇就读哪篇。总之，茶生活是一种自己的生活，一种自然又自由自在的生活，一种快乐有趣的生活。这一"茶生活"之书的阅读也当是自己的、自然又自由自在的、快乐有趣的阅读。

游戏化的自选式阅读这一特征也使得本书具有了茶谱和茶单的功能，与菜谱或棋谱一样，读者可依此自主学习，提高茶生活水平；与菜单或酒单一样，茶品经营者，如茶馆、茶店的经营者及茶商，可用此扩展消费者的选择空间，增加消费乐趣。

也正是这种游戏化的自选式阅读的特性，使本书中的茶语也具有了某种游戏化的"告知"和"启发"功能——当你询问，它便解答。由此，本书也可成为一种游戏玩具——可进行"你问我答"游戏的玩具：随手翻阅，答案就在自己手中。

饮茶与水密不可分，而在所有的茶类中，武夷岩茶的冲泡最为讲究和细致。故而，将拙作《茶生活》（清华大学出版社于 2019 年版）一书中的《武夷岩茶之泡茶技与道》和《水是茶之魂》两文收录其中，作为附录，希望将一种个人经验与大家分享，从而共品好茶之味、共入好茶之境。

喝茶是一件快乐之事，本书为增进人们喝茶之乐而作。在此借本书，祝读者茶乐多多、快乐多多；茶福多多，幸福多多！

# 目录

## 黑 茶

## 红 茶

## 青茶（乌龙茶）

**调配茶**

抱
数

# 茶

　　茶是一种植物，其制品是一种饮品，以茶树之叶制成干茶泡之，为茶饮；其制品也是一种食品，以茶树之叶为主料或辅料制成的食物或菜肴，为茶食；其制品也可以是一种药品，茶最初就是以其清热解毒之功效被人类所认知的。

　　在日常生活中，人们论及的茶一般是指茶品和茶饮。而茶饮，可以说是道家所谓金、木、水、火、土五行相生之物：茶为植物，属木；长于土中；作为茶品之茶，大多经过一道置于铁器（铁锅或铁筒）中，在热源（火或电）上加工的过程；经水泡之（冲泡、浸泡、煮泡等），才成茶饮。而就茶饮来说，饮后口感舒适、心感舒适、体感舒适（即"三感舒适"）的就是好茶饮。在合适的时间（天时）、合适的环境（地利），与合适的人（人和），用合适的茶具（器宜）、合适的水（水宜）和合适的茶品（茶宜）一起品评，是人生的一种幸福。

---

茶语　　五行相生，三感舒适，六方合宜，茶为生活。

白茶属以发酵程度划分的中国六大茶类之一，为微发酵或不发酵茶，以白茶茶树的青叶略经萎凋或不经萎凋直接晾制或烘制而成。

白茶性寒，清热解毒功效甚佳，民间有"茶中犀角"之称。而存放3年以上的陈茶白茶（俗称"老白茶"）茶性转柔，对胃部的刺激减弱，口感转醇，药理性更强，成为一味治疗热毒热疾的良药，且存放时间越长，养生保健的作用越强。故民间称白茶为"一年茶，三年药，七年宝"。

也正是微发酵或不发酵加上自然醇化的工艺造就了白茶特有的药理性。自20世纪90年代中期以来出现的为使茶叶易于存放而将散茶加热、加湿压制成饼茶的大批量生产工艺，在近年受到不少人的质疑和反对，他们认为这一工艺提高了白茶的发酵程度，人为地加速了白茶的醇化过程，从而降低了白茶尤其是老白茶原有特性。

以茶叶成熟程度（俗称茶叶叶片"开面"）分，白茶大致可分为3类：白毫银针（芽茶，未开面）、白牡丹（一芽一叶或一芽两叶，半开面）、寿眉（全叶片，全开面）。寿眉中的佳品因曾为贡品，又被称为"贡眉"。

福建省宁德市的福鼎市、南平市的政和县为白茶的发源地，因此，白茶，尤其是老白茶，以福鼎市、政和县所产为佳。近年来，福鼎老白茶更是在白茶领域独领风骚，销量一路领先。与别的产地所产的白茶，如云南省的白茶相比，就总体而言，政和县、福鼎市的新白茶（1—3年）以花香为主香，辅以春草的清香；茶汤色为淡淡的黄绿，茶味清爽。3年以上尤其是7年以上的老白茶，花香浓郁，茶汤色转棕黄或棕色，茶味醇厚绵柔，茶气充足，饮后全身通泰。

与其他茶品相比，白茶，尤其是老白茶是一款"不用讲究"的茶。它的泡茶方法可以是冲泡、浸泡、煮泡、闷泡；它的饮用方式可以是一冲一饮、多冲一饮、一冲多饮、多冲多饮、热饮冷饮皆可；它可为单品茶饮，也可以加橘皮、红枣、枸杞等辅料一并泡饮。为适应茶人的需求，目前市场上也出现了白茶"茶伴侣"之类的白茶辅料。茶人可以品饮，也可以牛饮；茶人可在茶桌上品鉴，也可以在旅途或工作时忙中偷闲一饮为快……总之，白茶虽性寒，但在与茶人交往中却是十分随意的，有缘即是友。

茶语　寒而不冰，因此可以随意，能够随意。

# 陈　茶

　　陈茶是存放时间较长的茶品，也有人称之为"老茶"，以与"新茶"相对应。这一"较长时间"，就白茶、红茶、青茶（乌龙茶）、黑茶来说，指的是 3 年及以上；就绿茶、黄茶来说，超过 1 年即为陈茶。过去一般只喝绿茶新茶。新茶上市后，上一年的绿茶便被视为陈茶，转而作他用或弃之。但近年来，随着喝陈茶之风的流行，陈年绿茶也得到一些人的喜爱，被赋予了"老绿茶"的新名。而对白茶陈茶，民间素有"一年茶，三年药，七年宝"的评说，老白茶被认为具有更显著的养生保健乃至药用功效。

　　就总体而言，与新茶相比，陈茶茶汤色泽深沉，茶香醇厚，茶味更柔顺、更厚实，茶气充足。而更重要的是，陈茶经过进一步的醇化，其药理性更强，保健功效更明显。故而有茶客说，相比较而言，喝新茶是"品味"，

喝陈茶是"健养"（健康养生）。

　　过去，因喝陈茶和老茶（老茶树的青叶制成的茶品，包括新茶）的人不多，陈茶也被称为"老茶"，如"老白茶""老铁观音"。近年来，无论喝陈茶的人还是喝老茶的人，数量都迅速且不断增加，为避免误买误喝，陈茶和老茶的名称分界逐渐明晰——陈茶指的是存放时间较长的茶品，老茶指的是以生长年份较长的老茶树所产新叶制成的茶品，如武夷岩茶中的老丛水仙、老树梅占。

茶语　厚积而薄发。

黑　　　　　　　茶

　　黑茶属以发酵程度划分的中国六大茶类之一，为重发酵（也称高发酵、全发酵）或重发酵加后发酵茶。黑茶大多以大叶种茶树的青叶经长时间渥堆高度发酵后以相关工艺制成。有的再在长途运输（旧时）或仓储（如今）过程中进一步深度发酵醇化而成佳品。因其茶品色泽黝黑，故称黑茶。

　　黑茶中的名茶有云南普洱茶、广西六堡茶、陕西茯茶、湖南安化黑茶、四川边茶等。其中，陕西茯茶（包括茯砖茶）以湖南安化黑茶的毛茶（初加工茶）经再加工而成。旧时，官府严禁湖南安化茶农自制自销黑茶，以"官茶"的方式收取安化黑茶毛茶后，运往陕西统一制作成茶品（茯茶散茶，或茯茶茶砖），再统一销售。后来，这一官禁被解除，湖南安化黑茶才有了自己的品名以及"花卷茶""千两茶"等著名的品种。云南普洱茶长途运输销往藏族聚居区、蒙古族聚居区，再将售茶所得购买两地的马匹、毛皮等运到其他地方销售，进而形成了古今闻名的"茶马古道"；四川的边茶更是以在西藏、内蒙古等边疆地区以及相邻国家边境地区的交易直接被称为"边销茶"（简称边茶）。

旧时，黑茶的后发酵过程是在长途运输过程中进行的。随着交通条件的改善，运输时间大大缩短，目前黑茶的后发酵大都在仓库储存过程中进行，乃至普洱茶有了"生仓"（自然再发酵）、"熟仓"（人工后发酵）之分。

与其他茶类相比，黑茶储存时间越长，口感越柔，茶香越醇厚。黑茶的干茶茶色黝黑，优质黑茶干茶的黝黑中闪着幽幽的油光，有一种特有的重发酵茶或陈茶的醇香。黑茶可冲泡、浸泡或煮泡；可一冲一饮，也可多道茶汤混饮。一般而言，黑茶茶汤的汤色或为红棕色，或为红褐色，汤香醇厚饱满，或为花香，或为果香，或为木香，存放时间在 20 年以上的佳品的汤香中会出现人参的香味；汤味厚实醇润，有的在开始几道汤中带有或浓或淡的酸气。5 年以上上品陈茶的汤味柔滑绵软醇厚，入口即化为满口茶香。

茶语　远方游子对家乡的思念，凝集成永远的乡愁。

红
茶

红茶属以茶叶发酵程度划分的中国六大茶类之一，大多以红茶茶树的青叶经重发酵后制成，也有以绿茶或普洱茶等品种的茶树之青叶制作的。

福建省、云南省、江西省、安徽省、湖北省等均有传统的红茶名品，如福建省的正山小种、云南省的滇红、江西省的宁红、安徽省的祁门红茶、湖北省的宜红等。而在1949年中华人民共和国成立后创制的不少红茶品种中，如广东省的英德红茶、海南省的海南红茶等也已成为在国内外广受欢迎的红茶佳品。而近年来，随着红茶消费人群的不断扩大，红茶消费量的不断增加，红茶消费水平的不断提升，新的红茶品种如雨后春笋般出现，如浙江省的开门红、越乡红，河南省的信阳红，其中也有不少优质茶品已成为茶人的"新宠"、茶界的"新贵"而名扬四海，如福建省的金骏眉。

从历史上看，红茶的原产地在福建省武夷山市的桐木关，桐木关所产正山小种是世界上所有红茶的鼻祖。这一地区特有的地理环境和自然气候条件，特有的树种，特有的制作工艺，造就了独一无二的正山小种红茶。只有用产于桐木关的红茶青叶、以桐木关传统红茶制作工艺制作的红茶，才能称为"正山小种"，余者，只能统称为"红茶"，或以冲泡方法称之为"工夫红茶"。

经重发酵后的红茶性温，一般而言，干茶条索紧致，色泽深黑（优质的红茶色泽乌润），有花香或果香。以100摄氏度沸水（如为金骏眉之类的芽茶，也可冷却至95摄氏度左右）冲泡，以红茶茶树或普洱茶茶树青叶制作的红茶茶汤为红玛瑙色或琥珀色，花香或果香雅致馥郁，汤味醇润，有植物甜或回甘绵长而柔软。近十几年来出现的以绿茶茶树青叶制作的红茶（我将此称为"绿茶红作"），茶汤在红玛瑙色或琥珀色中会带有些许绿痕；以花香或果香为主香的汤香中，带有青草的清香；汤味清爽润滑，可冲泡的次数大多少于红茶茶树青叶制作的红茶。

在清朝中后期，到过桐木关的某些英国人将红茶树种偷至印度，后又拐骗了若干会种茶和制茶的桐木关茶农至印度。由此，有了印度红茶，并经传播和培育，印度、斯里兰卡（旧称锡兰）、土耳其，乃至肯尼亚、加拿大、澳大利亚等也有了自己种植和制作的红茶。与中国红茶茶香浓郁、茶味醇厚，有茶甜味或回甘，宜单饮单品不同，外国的红茶大多茶香淡、汤味薄，有的涩味较重，故而宜加奶加糖或其他辅料混饮混品，从而在单纯茶品之外出现了奶茶之类的调味茶饮品。

茶语

茶中有清净，红茶非红尘。

# 黄  茶

　　黄茶属以发酵程度划分的中国六大茶类之一，为轻发酵（也称低发酵）茶。与其他五大类茶各有相对应的自己所属的茶树品种不同，黄茶是以绿茶茶树的青叶为原料，以黄茶制作工艺制作而成的。因此，就茶青的种类而言，其可谓是与绿茶"同一家门"。因其干茶色黄，茶汤色黄，人称"黄叶黄汤"，故被命名为"黄茶"。

　　作为六大茶类之一，黄茶也曾广受茶人喜爱。安徽省的霍山黄芽、湖南省的君山银针等黄茶名品，一直被文人雅士、豪商、贵族乃至皇室视为茶中珍品。但自 20 世纪 80 年代后，喝绿茶者迅速增多，绿茶价格暴涨，

诸多不懂茶者误认为"黄叶黄汤"的黄茶是绿茶陈茶而弃之不喝，其销量大大低于绿茶，在价格的吸引下，许多茶商和茶农也转而专注于生产和销售绿茶，以至于黄茶几乎成为市场上的"难觅之茶"。自2013年以来，随着饮茶者需求的多样化和个性化，加上黄茶特有的养生保健功效逐渐被众人所知，黄茶又开始崭露头角，其市场也不断拓展，其中不乏名优产品。

黄茶与绿茶的制作工艺差异不大，只是多了一道渥堆的程序。也正是因为多了这一渥堆发酵过程，黄茶少了茶叶原有的寒性，涩味也大大减弱，茶性柔和，茶味鲜爽甘润。

无论是干茶还是冲泡后的茶底，黄茶的叶片都为黄色或黄绿色，茶汤亦为黄色，且大多为浅黄色。故而，一般以"黄叶黄汤"为黄茶之特征。黄茶的茶香淡雅，似春日青草地上野花的悠悠清香；茶味绵柔，有经渥堆发酵而突显的茶鲜味，形成黄茶特有的"鲜鲜的柔、柔柔的鲜"之茶滋味。

茶语

在默默的等待中酿造自己的温柔。

绿

茶

　　绿茶属以发酵程度划分的中国六大茶类之一，为不发酵茶，以绿茶茶树的青叶经加工制作而成。

　　绿茶性寒，无论是干茶，还是冲泡后的茶底，叶片均呈绿色，茶汤为浅绿色或淡黄绿色。一般宜将 100 摄氏度沸水冷却至 95 摄氏度左右冲泡，如为芽茶，则冷却至 85—90 摄氏度冲泡。绿茶的茶香一般为雅致的花香或清新的草香，有的也会有豆类（如传统西湖龙井的黄豆香）、板栗类（如四川省的竹叶青）等其他类香气。因产地或加工方法不同，绿茶茶味有的淡雅清新，有的鲜爽可口，有的润滑柔顺，有的浓醇刚猛。绿茶大多有茶涩味，有的还会微苦，但优质绿茶涩后或苦后有回甘，且回甘悠长，形成绿茶特有的茶韵。

　　与别的茶类相比，绿茶干茶的外形十分多样。如龙井类，为扁平状；如碧螺春类，为螺髻状；如龙团凤饼类，为饼形；如珠茶类，为圆珠形；如银针类，为细长形；如绿牡丹类，为花朵形；如抹茶类，为粉末形……可谓是其形各异，美不胜收。

　　以制作工艺分，绿茶可分为晒青、炒青、烘青、蒸青等。就茶性而言，经杀青，在萎凋后直接在阳光下晒制的晒青，香气最清新，但寒性最强；就茶味而言，萎凋后经杀青，隔水蒸制的蒸青最为柔和绵润；就茶香而言，略经萎凋，直接在炒茶锅中杀青、炒制的炒青最为突显；就香与味的差异性而言，萎凋、杀青后，烘焙（尤其是在木炭火上烘焙）而成的烘青最为多样。只是或因工艺复杂，或因加工成本较高，目前，市场上晒青、烘青已不多见，蒸青更是难觅，炒青几乎"独领风骚"。

绿茶不宜闷泡、煮泡，目前人们常用的浸泡法更适用于牛饮。若要真正品味绿茶，须以一冲一饮的工夫茶泡茶法冲泡绿茶，以得所品之茶的正味和真味。

茶语

江南三月春，君子陌上行。

# 青茶
## （乌龙茶）

　　乌龙茶在按发酵程度划分的中国六大茶类中又称"青茶"，一般为中发酵茶，其以青茶（乌龙茶）茶树的青叶制作而成。一般分为闽北乌龙和闽南乌龙。闽北乌龙以产于武夷山的武夷岩茶和产于建瓯市的矮脚乌龙等为代表，闽南乌龙以产于闽南的铁观音、产于三明市的江山美人、产于漳州市的白芽奇兰以及产于龙岩市的漳平水仙、产于永春县的永春佛手等为代表。传统乌龙茶的特征是蜻蜓头、蝌蚪尾、蛤蟆背、绿叶红镶边，即揉捻、烘焙后，大多成紧致条索状，其干茶头部的叶片成圆形螺髻状，叶片下部成细索形，叶片背部有如沙粒状的小白点，而青叶的边缘呈赭红色，颜色比例大致为七分绿、三分红。因其干茶呈黑色或深墨绿色，有乌龙戏水之形态，故被称为乌龙茶。当然，乌龙茶中也有半球状的，如台湾地区的冻顶乌龙，以及唯一的紧压乌龙茶——漳平水仙方形饼茶。其中，闽北乌龙中的武夷岩茶（大红袍）制作技艺被列为国家级非物质文化遗产项目。

乌龙茶的主产地基本分布在福建、广东、台湾等地。其中，福建省的产量最高，种类最多，不少乌龙茶的原产地也在福建省，现被统一冠名为"大红袍"的武夷岩茶仅产于福建省的武夷山。

一般而言，正宗的闽北乌龙的茶汤为棕色或黄色，汤味醇厚有骨感，虽涩但有回甘，茶香为植物香，俗称岩骨花香；正宗的闽南乌龙的茶汤一般为黄色或橙色，有的较亮丽，汤香为花香或果香，汤味润滑甘爽，曾被英国皇室称为"可以喝的香水"。而无论是闽北乌龙还是闽南乌龙，大都有茶涩感，但涩后迅速回甘，残留在喝茶器皿（如杯、盏、盅、碗）中的茶香（俗称"挂杯香"）较悠长。

乌龙茶需 100 摄氏度的沸水冲泡，需要一道水一道茶汤地品饮，尤其是闽北乌龙。若水温低于 98 摄氏度，茶汤的色、香、味就达不到应有的品质，而若浸泡，茶汤则会苦涩难咽。此外，若以预热过的器皿（如壶、盖杯）醒茶、冲泡，用预热过的器皿（如杯、盏、盅、碗）品饮，能获得更好的茶味，体验到更佳的茶感。

茶语　　我用一缕茶香，为你织一件梦的衣裳。

**调配茶**

　　"调配茶"指的是以再加工或直接调和、拼配制成的茶品。调配茶非单品茶，其以茶和辅料为原料，其中不少是人类学和文化研究范畴中的民俗茶。其至少包括以下3个类别：调制茶、配制茶、配套茶。

　　具体而言，调制茶是指以茶水与其他辅料，或干茶与其他液体辅料，如果肉、果汁混合调制后形成的茶品。前者如奶茶、酥油茶、蜂蜜茶；后者如福建省的纳橘茶、乌龙柚子茶，广东省的荔枝红茶。而相关的速溶茶品，如速溶奶茶，也属调制茶。

　　配制茶指的是以干茶和辅料为原料，通过再加工工艺（如窨制）或直接添加的方法制成的茶品。前者如福州茉莉花茶、云南竹筒茶；后者如玫瑰花茶（直接添加玫瑰花于干茶中）、防风茶、擂茶（将干茶、黄豆、芝麻等一起置于石臼中捣碎后冲饮）。

　　配套茶指的是单品茶品和单品辅料分而列之，形成配套茶品；分而品之，形成整体茶韵。其代表性茶品就是白族的"三道茶"：第一道单品烤茶，名"苦茶"；第二道以乳扇、核桃、芝麻、红糖混合成甜饮，名"甜茶"；第三道以蜂蜜、桂皮、花椒等合成辛麻甜味饮品，名"回味茶"。与其他辅料饮品配套组成"三道茶"，蕴含着人生先苦后甜再回味的哲理。

调配茶可购买，也可自制，荷香茶、桂花茶、玫瑰花茶、炒米茶等都是自己较易制作的调配茶。在自制过程中，或在独享、共享过程中，也是茶趣多多、茶乐多多的。

调配茶将茶与其他食材调配在一起，可以说是茶与所调配食材"前世有约，今生相聚"。而调配茶的多样性则表明了这一"相聚"的多样性和复杂性。茶如此，人又何尝不是如此？

茶语

有缘相聚，聚之多样。

白茶

# 白毫银针

　　主产于闽北地区的宁德市福鼎市和南平市政和县、松溪县、建阳区一带，以当地大叶种茶树之嫩芽叶为原料制成，为闽北地区特产，也是福建名茶和中国传统名茶。因身披白毫，细长如针，故被称为白毫银针。

　　白毫银针以福鼎大白茶、政和大白茶之当地大叶种茶树当年第一轮春茶之多毫且幼嫩的单芽或嫩芽叶为原料，以闽北白茶制作工艺制作。作为微发酵茶，将单芽或嫩芽叶萎凋后直接晒干（生晒）或烘焙是包括白毫银针在内的白茶的传统制作工艺。在过去，福鼎的白茶以烘焙为主，称"北路白茶"，其中的白毫银针称"北路银针"；政和的白茶以生晒为主，称"南路白茶"，其中的白毫银针称"南路银针"。现在两地均有生晒白茶与烘焙白茶，制作工艺已无太大差异。而自 20 世纪 90 年代以来，为更方便白茶的贮藏、运输，出现了将散茶压制成饼茶、块状茶等成形茶的白茶制作工艺，紧压型白茶与散茶成为白茶的两大茶品。但依据我自己的品茶经验，包括白毫银针在内的白茶散茶在加温、加湿、加压的成形过程中，微发酵茶成了高发酵茶，其色香味和效用发生了较大的变化。故而，就白茶而言，我更倾向于品饮散茶。

　　白毫银针由闽北茶农于 18 世纪 90 年代中期创制，在 20 世纪初成为中国畅销海外的一大茶品。近年来，随着白茶养生保健功能被重新认识，包

括白毫银针在内的白茶广受人们欢迎，成为国内一大热销茶。

白毫银针以当年初春新生的茶树单芽或一芽一叶之幼芽嫩叶为原料，以生晒或烘焙工艺制作。就散茶干茶而言，以这两种工艺制作的茶品差异不大，均芽头肥壮，遍覆白毫，条索挺直细秀如针，白毫如银霜覆盖在如绿玉般的茶蕊之上。用冷却至 90 摄氏度左右的沸水冲泡，生晒的白毫银针汤色淡黄青碧，清新的花香沁人心脾，味清爽鲜甜，茶底鲜嫩匀齐，整道茶给人一种江南早春三月的意境；烘焙的白毫银针汤色杏黄，似秋日夕阳，汤香为秋日原野中的花香，是那种带有成熟之气的芬芳，汤味醇润，带有丝丝缕缕茶叶特有的植物甜，茶底匀齐，深黄带绿色，如初秋开始转黄的树叶，整道茶给人一种北方初秋的意境。同样的叶子，仅因加工工艺的不同，就能形成不同的茶之色香味，营造出不同的茶之意境。就如同人，社会化过程不同，最后作为成年人的个性特征也不同，社会成就也大相径庭。

根据我的经验，以茶之幼芽嫩叶制作的白毫银针更适宜工夫茶的饮法——一冲一饮，若浸泡或煮泡，其茶汤会出现较浓的涩味，自感难以下咽。而也正由于其是嫩芽叶茶，若打算将其贮存成老白茶（茶界称白茶是 1 年是茶，3 年成药，7 年为宝，3 年以上的白茶陈茶称"老白茶"）的，以 3 年左右为宜，如存放时间过长，白毫银针（尤其是白毫银针散茶）易碎，影响口感和功效。此外，由于老白茶更适宜浸泡和煮泡，而以芽叶茶为原料的白毫银针往往会在浸泡或煮泡过程中渣化，出现苦涩味，口感和功效远远不及新茶或贮存时间在 3 年内的茶。所以，我认为，就白毫银针而言，品 3 年以内的更能得其佳味，获其良效。

茶语

制作的决定性作用。

白牡丹

白牡丹属白茶，主产于闽北地区宁德市福鼎市和南平市政和县、松溪县、建阳区，主要以政和大白茶和福鼎大白茶为原料制成，为闽北特产，也是福建省名茶和中国传统茶品。因干茶外形为绿叶包裹着白色茶毫芽，冲泡时叶片打开，如牡丹花苞开放，故被称为白牡丹。

白牡丹以当地种植的政和大白茶、福鼎大白茶当年第一轮春茶之一芽二叶为原料，以白茶传统制作工艺之生晒或烘焙为关键工艺制作，属微发酵茶——白茶中的一个品类。其在 20 世纪 20 年代初创制于建阳，后在政和批量生产，并远销东南亚，在国外颇负盛名。近几年来，随着白茶养生健体功效被重新认识，包括白牡丹在内的白茶在国内也广受欢迎。

总体而言，白牡丹散茶干茶为扁平形，绿叶包着银白色的芽心，如待放的花苞；芽心肥壮，叶片肥嫩，叶色银绿，叶背白毫密布；茶香如花香芬芳沁人。以 100

摄氏度沸水冷却至 95 摄氏度左右冲泡直接生晒的白牡丹,青叶如牡丹花般展开,清纯而秀美。茶汤色明黄,香如春阳下花海的香气,芬芳而清丽,还夹着清新的粽叶香;汤味醇滑鲜甜;茶底嫩绿均匀。冲泡烘焙而成的白牡丹,茶汤色深黄,香如夏日下花海的香气,浓郁而艳丽,而明显的粽叶香使这一浓郁而艳丽的香味带上了一些清雅之气。汤味醇厚饱满,茶鲜味和茶甜味均十分明显;茶底墨绿均匀。

白牡丹可冲泡,亦可浸泡和煮泡。如冲泡,宜用工夫茶法,一冲一饮。而将白牡丹存放 3 年以上成"老白茶"后,浸泡或煮泡所得之茶汤,其色更深,其香更雅丽,其味更醇润甜鲜。

为方便贮存和运输,20 世纪 90 年代中期以后,包括白牡丹在内的白茶制作工艺中新增了紧压工艺,白茶有了新的品类——饼茶或块状茶。以我的经验,散茶经加温、加湿、紧压成茶饼或块状茶后,微发酵的白茶也就成了高发酵茶,其原来的茶性和功效必会发生变化。故而,就包括白牡丹在内的白茶而言,我更倾向于品饮散茶。

茶语　非花似花。

贡

眉

贡眉主产于闽北地区的南平市建阳区、建瓯市、松溪县、政和县和宁德市福鼎市一带，以当地的白茶茶树之青叶制成，为闽北特产，也是福建省名茶和中国传统名茶。因其为白茶寿眉中的上品，而寿眉干茶细长如中国神话传说中的老寿星的眉毛（俗称寿眉），其茶青又是曾作为贡品的白茶绿雪芽的来源，故被命名为贡眉。

据说，旧时，建阳、建瓯、松溪、政和一带未被命名的白茶的茶树（俗称菜茶）所产嫩芽为白毫银针的主要来源，但现在，白毫银针的茶青主要来源于福鼎大白茶、政和大白茶等品种的茶树。为相互区别，当地茶农将用当地白茶茶青制作的初加工茶（白茶毛茶）称为"小白"，将用福鼎大白茶、政和大白茶等品种茶树的青叶所制作的初制茶（白茶毛茶）称为"大白"。

贡眉以当年新生的一芽二叶至一芽三叶、四叶之嫩芽叶为原料，用白茶寿眉工艺制作。其散茶干茶芽壮叶肥，白毫显露，色褐黄，泛绿，芽叶相连，细长如寿眉；茶香清新芬芳，如四月春野的花草之香。以沸水浸泡或煮泡，茶汤杏黄透亮；汤香是春花春草的芬芳香，七八道汤后又转为粽叶的清香；汤味醇爽滑润，入口甘甜，回味鲜爽，有一种春天的活力跳跃其中；茶底为绿褐色，柔嫩，匀洁。

品贡眉（散茶），尤其是 5 年以上的陈年贡眉（俗称贡眉老白茶），会令人想起宋代诗人程颢的《春日偶成》："云淡风轻近午天，傍花随柳过前川。时人不识余心乐，将谓偷闲学少年。"这不似苏东坡"老夫聊发少年狂，左牵黄，右擎苍，锦帽貂裘，千骑卷平冈"（《江城子·密州出猎》）式的意气风发，也不似三国枭雄曹操"老骥伏枥，志在千里；烈士暮年，壮心不已"（《龟虽寿》）式的壮志豪迈，而是一种士大夫特有的闲适和自得其乐，自由自在地享受着春光之美。

贡眉，尤其是贡眉老白茶，若以沸水浸泡或煮泡，且一冲一饮，更能得其妙香佳味。在煮泡时，也可添加红枣、铁皮石斛花、西洋参片等，使单品茶饮成为具有多种功效的养生茶。

为方便贮藏与运输，自 20 世纪 90 年代以来，紧压成为白茶加工的新工艺。但我认为，在加温、加湿、加压的过程中，微发酵的白茶（包括贡眉在内）成为高发酵茶，白茶散茶原有的茶性和功效也不免发生变化。故而，就我个人而言，若品饮白茶，更倾向于用散茶。

茶
语

晚年的闲适与怡然。

# 建 阳 小 白 茶

  建阳小白茶产于福建省南平市建阳区，以当地原生种白茶茶树之青叶制成，在 20 世纪七八十年代，产量曾占全国白茶总产量的 8% 左右，为中国历史名茶。

  建阳有悠久的产茶历史，所产茶品在宋代就颇负盛名。在当时风靡一时的"斗茶"和"茶戏"中，建阳所产之茶与建阳所产之"建盏"（建阳所产茶盏的简称）合称"双璧"，被赞为"盏以茶显，茶以盏香，盏茶双璧，相得益彰"。在明、清两代，建阳所产的白茶广受欢迎，白茶中的白毫银针成为贡品。至民国时期，同处闽北地区的政和县的政和大白毫、政和大白茶和福鼎县的福鼎大白毫、福鼎大白茶开始在市场上大量出现，为方便区分，建阳灌木状茶树之青叶制品被称为"小白茶"，简称"小白"，政和、福鼎乔木状茶树所产茶品被称为"大白茶"，简称"大白"。之后，出于各种原因，"小白"产量大幅度降低，声名渐渐被"大白"所覆盖，直至近年才重新崭露头角，引起人们的关注。

  建阳小白茶以当地原生种小白茶茶树在当年春天新生的嫩叶为原料，以传统白茶制作工艺，自然晒干、风干或者烘干而成。其青叶采摘标准如下：白毫银针为单芽；白牡丹为一芽一叶或一芽二叶；贡眉为一芽三叶或一芽

四叶；等等。相比较而言，白毫银针为白茶中的最佳茶品。

小白茶亦有新茶和陈茶之分，并与大白茶相同，被茶人们认为是"一年茶，三年药，七年宝"。白毫银针宜喝新茶（新制及存放期为1—2年的白茶被茶客们称为"新茶"），冲泡后，品其鲜爽甜润味，观其外在美态，闻其花香。若存为陈茶，不仅易碎，浸泡或煮泡后，也会出现苦涩味，难以下咽。白牡丹可尝新茶亦可品陈茶，较之白毫银针，其新茶的色、香、味中的清亮、清香、清新减弱，色更深，香更醇，味更厚润，其陈茶易存放，浸泡或煮泡后，鲜爽味和花香味充足，无苦涩味。而寿眉（贡眉）更宜存放为陈茶后浸泡或煮泡，其陈茶的色、香、味俱佳，且存放时间越长，其药理性越强，养生保健功效也越明显。

茶友曾送我一些2003年的建阳小白茶。其干茶为散茶，褐青色中夹着黄色，叶片呈萎凋后的自然状，粽叶香深沉而悠长。6克茶入壶，煮泡后，茶汤为棕黄色，明澈透亮，如四月春阳温暖人心；汤香以粽叶香为主香，树木的木质香穿行其中，汤香饱满且具较强的扩散性，一茶在炉，满室飘香。汤香稳定且悠长，从上午9点煮到下午5点，边煮边喝，粽叶香夹着木质香一直飘散。汤味醇厚滑润，入口即显茶叶特有的植物甜，六道汤后，茶味中出现了细幽的茶鲜味，茶味饱满而稳定。直至茶尽，仍醇润甘滑，且有微微的鲜。茶底褐黄带绿，柔软洁净。

在杭州阴雨连绵的冬日里，这几克2003年的建阳小白茶为我驱走了阴冷，让我周身温暖，微咳不再，喉咙清爽，身心愉悦。鲁迅先生说："有好茶喝，会喝好茶，是一种'清福'。"（《喝茶》）建阳小白茶来自自然，用自然之法加工制作，得此茶当是得自然之福吧！

茶语

得自然之福。

老白茶是指存放 3 年及以上的陈年白茶，因其存放时间长，如人步入老年，故俗称老白茶。

老白茶宜煮泡。一般而言，煮泡所得的老白茶茶饮，干茶年份为 3—5 年的，茶汤色泽为深黄色；汤香中，茶叶醇化后出现的白茶醇茶香馥郁，汤味醇厚鲜爽，治疗内热引起的疾病的功效较强。干茶年份为 5 年及以上的，茶汤色泽逐渐转为黄棕色，直至深棕色；随着干茶存放年份的增加，茶香中会逐渐出现白茶茶树的木质香，乃至人参的香味；汤味的醇厚度和润滑度逐年提高，最后形成入口即化的口感。7 年及以上的老白茶茶气充足，养生保健的功效增强。

老白茶可单品泡饮（冲泡、浸泡或煮泡），也可分

别与红枣、枸杞、西洋参、陈皮等一起煮泡，从而得到具有不同养生保健功能的茶饮。

白茶有白毫银针、白牡丹、寿眉、贡眉等不同品种。其中，贡眉为寿眉中的佳品，因曾上贡朝廷，故得此名。相比较而言，白毫银针、白牡丹因嫩芽较多，其老白茶更适合冲泡；寿眉、贡眉主要以叶片制成，其老白茶更适合浸泡或煮泡。

目前，老白茶品种层出不穷。以我个人的经验而言，福鼎老白茶、政和老白茶质量更好。而相较于近年来大量出现的白茶饼茶（压制茶），自然醇化的老白茶散茶口感更好，其药理性和养生保健功能也更具天然性。

如今，因"一年茶，三年药，七年宝"之说，购买上品白茶新茶存放成老白茶，已在老白茶喜爱者中成为常态。

茶语

老当益壮。

# 绿雪芽

　　绿雪芽产于闽北地区，其共有两类，一为白茶，一为绿茶。其中，绿茶类为新创茶品，如今已成福建绿茶的代表之一。而白茶类茶品则为中国传统名茶，至今已有千余年历史。据传说，"绿雪芽"之名便是唐代文人应百姓要求而商定的。在明代，绿雪芽便享有盛名。至今在闽北地区的太姥山国家地质公园内，仍生长着一株据说有几百年树龄的绿雪芽古茶树。这株古茶树就是今天被称为福鼎大白毫的白茶品种的茶树之母树。

　　白茶类绿雪芽的两大主产地，一为福建省南平市政和县，一为福建省宁德市福鼎市，均属闽北地区。旧时，政和大白茶制作的主要工序之一是

晒干，福鼎大白茶制作的主要工序之一为烘干，其所产茶品由此各有千秋，故以所处地理位置划分。政和更靠南，政和所产白毫银针又被称为"南路银针"；福鼎更靠北，福鼎所产白毫银针又被称为"北路银针"。而在此基础上，两地所产其他白茶品种也分别被称为"南路大白茶"和"北路大白茶"。但如今，随着制作工艺的交互融合，政和大白茶和福鼎大白茶之间的界线也不甚清晰了。

白茶类绿雪芽以福鼎大白毫的茶树之芽叶制成，干茶的外形为两叶抱芽，天然舒展，白毫覆于幼芽嫩叶的青绿之上，如白雪覆盖的绿叶，这也是其被命名为"绿雪芽"的缘由；其香如春兰之幽香，夹着明显的春天花草的清香。以沸水冲泡，其汤色青绿微黄，明澈透亮，有闪光在汤面随着水波荡漾；香转为暮春兰花的芬芳，带着春草的清新，还有丝丝缕缕的春竹之雅香；汤味顺滑鲜爽，茶叶特有的植物甜纯而醇，且十分悠长。而茶鲜中不时出现的春笋之鲜味，又使得绿雪芽的茶味有了与众不同的甜中有鲜、鲜中带甜，茶鲜笋鲜交融；茶底芽叶嫩绿肥壮，匀整润亮。

绿雪芽茶汤似春波荡漾，汤香如春光明媚，汤味中春意盎然，茶底似春色亮丽，让人犹如进入江南春天，尽享春之美好。

茶
语　　　难忘江南春。

寿

眉

主产于闽北地区的南平市建阳区、建瓯市、政和县、松溪县和宁德市福鼎市一带，以当地白茶茶树之青叶制成，为闽北特产，也是福建省名茶和中国传统茶品。因其干茶枝叶相连，细长似中国神话传说中的老寿星长长的眉毛（俗称"寿眉"），故被命名为寿眉。而寿眉中的上品，则被称为"贡眉"。

据说，旧时，白毫银针是以建阳、建瓯、政和当地未被命名的白茶的茶树（俗称菜茶）之嫩芽制成的，而白毫银针中的极品"绿雪芽"曾为贡品。后来，福鼎大白茶、政和大白茶等品种的茶树之芽叶成为制作白毫银针的主要来源，这些菜茶的茶青就主要用以制作寿眉（包括贡眉）了。而为了相互区别，当地茶农将用菜茶青叶制作的白茶初制茶（白茶毛茶）称为"小白"，将用福鼎大白茶、政和大白茶等品种茶树之茶青制作的初制茶称为"大白"。

寿眉以当年新生的嫩芽叶连幼茎为原料，枝叶相连，无老梗，以寿眉制作工艺制作。其散茶干茶芽壮叶肥茎嫩，似寿眉细长；色绿中闪褐，褐中带绿；有花香飘散。用沸水浸泡或煮泡，汤色橙黄，如冬日暖阳明亮而温馨；前5道汤以花香为主香，夹以粽叶的清香，5道汤后，便以粽叶的清香为主香，夹以春日的花香了；汤味醇厚、润滑、鲜爽，入口即甜，5道汤后的茶鲜味和茶甜味更是充盈口中，茶尽犹存；茶底为绿褐色，柔嫩匀洁。

以我的经验，相较于白毫银针、白牡丹，寿眉，尤其是7年以上之寿眉老白茶，宜浸泡，尤其是煮泡，且一冲一饮更能得其妙香佳味。而在煮泡过程中，也可添加红枣、铁皮石斛花、西洋参片等，使单品白茶成为具有多重功效的养生茶。

为便于贮存和运输，自20世纪90年代中期以来，紧压成为白茶制作的一种新工艺。饼茶、块茶等紧压型的白茶在市场上也颇受欢迎。但我认为，经紧压工艺的加温、加湿、紧压后，微发酵的白茶就成了高发酵茶，白茶散茶原有的茶性和功效难免发生变化，转化成高发酵茶的茶性和功效，白茶也就不再是微发酵茶了。

细细品饮寿眉（散茶），会逐渐领悟到孔子所云"五十而知天命，六十而耳顺"（《论语·为政》）之意。人到五十，就应该知晓自己想要什么和可以做什么、能够得到什么和可以得到什么之间的差别，努力地奋斗，但决不强求，在不断进取和知足常乐之间达到身心的平衡；人到六十，应该学会大度与宽容，能纳百川方为海，能容人处且容人。知天命，能耳顺，此乃为老者之道也。

茶语　老者之道。

黑
茶

# 安 化 黑 茶

　　安化黑茶产于湖南省益阳市安化县，以当地绿茶茶树之新生的青叶（茶品为毛尖茶）或青叶嫩茎（茶品为砖茶和卷茶）为原料制成，为安化县特产，也是湖南省名茶和中国传统名茶。

　　安化产茶的历史可追溯至唐代；至明代早期，安化所产的茶被列为贡品；至明代中叶早期，民间出现了大量的黑茶；至明代中叶后期，安化黑茶被列为只允许官方经营的"官茶"，安化只生产黑毛茶（初制品），黑毛茶被运往陕西泾阳，在泾阳进行精加工后，精品上贡皇室，余者被运往边境地区进行贸易。直至 20 世纪 50 年代，安化才重新获得黑茶成品茶生产经营权。

安化黑茶之品类包括"三尖""三砖""一卷"。其中，统称为"毛尖茶"（又名湘尖茶）的"三尖"指的是天尖、贡尖、生尖。其以采摘于谷雨前后的一芽三叶初展至一芽五六叶初展之青叶为原料，以黑茶制作工艺制成，为散茶，是安化黑茶中的上品。其中的天尖、贡尖旧时为贡品。"三砖"指的是茯砖、黑砖和青砖。其以当年新生的青叶和嫩茎为原料，以黑茶制作工艺加工，压制成砖形，为紧压茶。"一卷"指的是花卷茶，又通称为"千两茶"。其以当年新生的青叶为原料，以黑茶制作工艺加工，在用棕叶为衬里、以竹篾花格状包扎的包装过程中紧压成圆柱体，旧时有千两、五百两、二百两、百两等不同规格，因以千两卷最为雄壮，如赳赳武夫，故亦被统称为"千两茶"。在存放过程中，砖茶和卷茶中会出现学名叫作"冠突散囊菌"的金黄色的真菌繁殖，这种俗称"金花"的真菌有益人体健康，也是在较高品质的安化黑茶中才会出现的。

就总体而言，安化黑茶的干茶色黝黑，佳品有润光，醇香浓郁。以100摄氏度的沸水浸泡或闷泡、煮泡，茶汤呈深橙黄色或褐黄色，给人一种温润之感；香以重发酵茶特有之醇香为主香，时有药香或清新的花果香穿行而过；汤味醇厚润泽，平和顺滑，茶韵悠长；茶底黑亮洁净。

品安化黑茶，我总是产生一种历史沧桑感和人生漂泊感。这一茶感的生发也许与我的历史学专业背景相关，与我那从山西洪洞县大槐树下远迁至山东汶上县的父系家族相关，也与我那在解放战争中南下作战后转业定居杭州的父亲和年轻时离开溧阳（位于苏南地区）去上海求职又在抗日战争中被资本家从上海派到杭州工作后就定居杭州的母亲密切相关吧。而也不正是这种沧桑感和漂泊感，能让人们更深入地领悟到人生安定和生活安宁的重要吗？

茶语　　沧桑与漂泊。

边

茶

　　边茶产于四川，以当地种植的绿茶茶树之青叶、嫩茎及嫩枝为原料制作，为四川省特产，也是中国传统茶品。在不同的历史时期，边茶有不同的称呼，元朝时被称为西番茶，明朝时被称为乌茶，到了现代则因其销往边疆尤其是藏族聚居地区，被称为边销茶（简称边茶）。也加以产地名，称"四川边茶"，或以销入地称为"藏茶"。

　　边茶至今已有1000多年的历史。旧时，边茶主要用于交换边境地区的牲畜，故运送茶叶之路被称为"茶马道"（今称茶马古道），有关茶马交易的法律被称为"茶马法"。而藏族人民也以"宁可一日无食，不可一日无茶"来形容日常生活中对茶叶的迫切需求。

边茶依所销往地区的不同，分为两大类。一为南路边茶。南路边茶大多以当年新生的青叶和嫩茎为原料，以边茶制作工艺制作。其依据加工工艺分为毛庄茶和做庄茶两种。毛庄茶即将青叶杀青、晾干后直接压制。因其品质较差，现已很少生产。做庄茶经杀青、渥堆等多道工序加工后压制成形，品质较好，今边茶基本上为做庄茶。南路边茶旧时有诸多种类，今主要为康砖茶和金尖两个品类。一为西路边茶。西路边茶以1—2年期的老茶叶和嫩茎枝或多年生长的老茶叶和嫩茎枝为原料，以边茶制作工艺制作，其有茯砖和方包两个品类。

就总体而言，边茶的干茶为紧压茶，茶色黝黑，有醇香。以100摄氏度的沸水冲泡，闷浸1分钟左右出汤，茶汤色棕褐，有一种山中人家冬日火塘的温暖感；茶香醇厚浓郁；汤味醇厚柔滑，茶味饱满；茶底褐色洁净。

作为重发酵加后发酵茶，加之原料较为粗老，以我的经验，边茶宜闷泡或煮泡，方能得佳味。而藏族人民也是以煮泡清饮，或煮泡后，在茶水中加入酥油、盐或糖成酥油茶饮用。

旧时，茶叶是边境少数民族日常生活的必需品；马匹是内地民众所需之物。通过物物交换的方法，两地居民日常生活的需求得到了满足，也避免了战争带来的苦难。在仍存在着战争危机的今天，这一和平之举不无借鉴意义。

茶语　通过经济之路达到和平之境。

# 黑 茶 陈 茶

　　此间的黑茶指的是产于湖南安化的安化黑茶，黑茶陈茶指的是存放年份在 3 年及以上的湖南安化黑茶。因其存放时间长，故称"陈茶"。

　　安化黑茶陈茶汤色褐黑；汤味随着存放年份的增加日显醇厚柔绵。存放 10 年以上者，茶汤入口即化，入喉柔绵；汤香为黑茶陈茶特有的醇香，并随着存放年份的增加，醇香日厚日深。因深度醇化，黑茶陈茶的药理性增强，更具有消食化滞、去脂通阻的功效，成为一款以养生保健功效为主的茶品。

黑茶陈茶有散茶和压制茶之分。在压制过的茶如饼茶、砖茶、花卷茶等的茶叶条索中，有时会出现金黄色的花状附着物，民间俗称"金花"。这一"金花"实为一种真菌，医学上称为"冠突散囊菌"，其有助健康，也被认为是高品质黑茶陈茶的标志之一。

茶
语
静候知音。

# 泾渭茯茶

　　泾渭茯茶产于陕西省咸阳市等地，以产于湖南省益阳市的黑茶毛茶（初加工毛茶）为原料制作而成。

　　泾渭茯茶为紧压砖形茶，因加工制作时间为夏季的伏天，故称为"伏茶"。又因其效用类似中药土茯苓，所以又被赋予"茯茶""福砖"的美名。

　　旧时，茯茶为政府严控产品，凭官方许可证（"官引"）制造，制造出的茶品必须交付官府，由官府进行销售和交易，因而泾渭茯茶旧时也被称为"官茶""府茶"。咸阳位于泾河和渭河之畔，故而旧时以咸阳为主产区、今日以宜阳为主产区所产之茯茶以河流冠名，被命名为泾渭茯茶。

旧时，泾渭茯茶主要销往西北和与西北接壤的少数民族聚居区，是西北地区和蒙古族、哈萨克族等少数民族聚居区居民日常生活的必需品，也是内陆与边境、汉族与西北少数民族之间主要的贸易品。泾渭茯茶旧时加工制作离不开三大要素：咸阳地处温带且气候干燥，泾河水偏碱性，城阳寨茶工技艺高超和商人精于贸易。这三大要素保证了泾渭茯茶的高品质，使之在当时的西北地区和少数民族部落中颇具盛名。

茯砖茶是陕西茶商发明的一种茶叶加工产品，其品类之一的泾渭茯茶，干茶为砖形，厚实如青砖，色褐黑，可见黑茶紧致压制成形的扁平条状条索，散发着全发酵（重发酵）加后发酵的黑茶特有的醇茶香。待煮水壶中水沸如鱼眼，投入8—10克用茶刀切下的茶块，煮5分钟后出汤，汤色褐中泛红，茶香以干茶原有的醇茶香为主香，时有春草的清香穿过醇茶香，飘至鼻前；茶味醇厚滑润，余味悠长。饮后有一股暖意由腹中升起、扩散，直至全身温暖如沐春阳。

泾渭茯茶也可浸泡或闷泡，且冲泡次数可多于煮泡。但相比之下，煮泡更能得泾渭茯茶之色、香、味。

茶语

因为有缘，所以遇见。

泾阳茯砖茶产于陕西省咸阳市泾阳县，以产于湖南省益阳市（著名的安化黑茶产地——安化县即位于益阳市）的黑茶散茶为原料，茶品最大的特征为金花茂盛，茶汤橙红透亮。

泾阳茯砖茶加工制作于夏季的伏天，且又被紧压成砖形，故又称伏砖茶。其又因茶香味和效用类似于中药土茯苓，所以又被称为"茯砖茶"，并以产地名冠之，称泾阳茯砖茶。泾阳茯砖茶已有600多年的历史，为中国传统名茶，旧时以边销（销往西北边境地区）、边贸（边境贸易）和外贸（主要与俄罗斯及西亚地区交易）为主，1958年后因国家政策（湖南益阳黑茶原必须全部运往陕西加工，现改为以当地加工制作为主）减产直至停产，

2007 年恢复生产。目前，其已成为黑茶的主要茶品之一。

　　泾阳茯砖茶干茶外形为砖形，如长方形青砖状，也如砖一样紧实；茶色褐黑带黄，有幽光闪亮；茶香为全发酵（重发酵）加后发酵的黑茶特有的醇茶香夹着春青草的清香，茶体上有"金花"开放。待煮茶壶中沸水起泡如鱼眼，投入 8—10 克干茶，煮沸 5 分钟后出汤，汤色为深橘红色，清澈透亮，有盈盈金红色的光亮闪耀其间；茶香以黑茶的醇香为主香，不时有春天山野花草的清新芬芳飘散，令人在沉醉中清醒，在清醒中沉醉；茶味醇厚滑爽，回味厚实，鲜香润泽，韵味悠长。

　　泾阳茯砖茶最大的特色是"金花茂盛"，以及由"金花"形成的独特的色、香、味和营养价值。"金花"的学名为冠突散囊菌。经过相关的工艺，在特定的温度和湿度环境中，泾阳茯砖茶茶体中形成这一金色的菌落群（俗称"发花"）。经烘干，"金花"成为茯砖茶的组成部分。冠突散囊菌为有益人体的真菌，具有调节人体血脂、血糖，调理肠胃等功效。因此，作为中国茶类中难得的茶体中长有冠突散囊菌的茶品，泾阳茯砖茶如今已成为诸多国人选择的养生保健佳品。

茶语

记忆的阳光照亮了历史的天空。

六

堡

六堡茶产于广西壮族自治区梧州市，以梧州市的大叶种等之青叶制成，为梧州市特产，也是广西名茶和中国传统名茶。因主产地在梧州市六堡镇，故被命名为六堡茶。

六堡茶以当年 3 月至 11 月新生的一芽二叶、一芽三叶、一芽四叶之青叶为原料，以特定的加工工艺制作而成。就茶形而言，可分为篓茶（熟茶）、沱茶、砖茶、饼茶等；就茶质而言，可分为熟茶、生茶、老茶婆、生态茶四大类。其中，熟茶是初制茶（毛茶）蒸汽渥堆或加湿渥堆后再加工制成的茶品。而篓茶就是将熟茶装入竹篓中压制成形，也称"竹篓茶"；六堡沱茶、六堡砖茶等也是用散茶经蒸制、压模而成。生茶为用新鲜茶青加工而成的茶品。老茶婆以霜降后采摘的青叶为原料，将青叶晒干或烘干后进行加工制成。生态茶也是以新鲜青叶直接制作的茶品，但更强调制作工艺的传统（原生态）性，尤其是在渥堆工序上，以边渥堆边晾干或烘干的方法，使茶品的前发酵度更大。

无论何种品类，六堡茶的制作都有渥堆、蒸压、陈化的过程，由此形成六堡茶特有的红、浓、醇、陈之特征。就总体而言，六堡茶干茶条索紧致，色褐黑油亮，陈茶香浓郁。以沸水冲泡或煮泡，茶汤汤色亮红明艳；香以陈茶之香为主，时有松烟香和槟榔味飘出；汤醇厚润泽，茶味饱满，茶甜味厚而悠长；茶底为铜褐色，匀齐洁净。时间存放较长的六堡茶中会出现"金花"，这使得茶汤更柔润，更醇厚，更有利于饮者的健康。

因加工工艺有所不同，六堡茶四大品类之间也会出现色、香、味的差异。相比较而言，生茶的茶汤会出现黄绿向棕红的变化过程；熟茶的醇味更厚；老茶婆有一种特有的药香味；生态茶的松烟味和槟榔味更明显。而作为重发酵加后发酵茶，存放时间越长的六堡茶，其"红、浓、醇、陈"的特征越突出，色、香、味越佳。

茶语　越老越美丽优雅。

# 普洱茶

　　普洱茶主产于云南省普洱市、临沧市、西双版纳傣族自治州等地，以大叶种茶树的青叶制成，为普洱、临沧、西双版纳特产，也是云南省名茶和中国传统名茶。因旧时主要产地和集散地均在普洱，故得名普洱茶。普洱茶在唐代即成名，如今更是盛极一时。

　　普洱茶干茶有散茶和紧压茶之分。散茶即将青叶经萎凋、杀青、揉捻、烘干或晒干等工序制成的茶品，也称"晒青茶"；紧压茶是指将晒青茶再经喷淋、蒸制、紧压后而成的茶品，其外形多样，以圆饼形为主，故大多被称为"饼茶"。

　　新制成的普洱茶是重发酵茶。旧时，因交通不便，运输工具为马匹，在从西南运往西北边境地区的途中，经长途跋涉的颠簸，加上不断的日晒风吹雨淋，普洱茶又进行了自然的后发酵，进而成为重发酵加后发酵茶，具有了与众不同的特质和特征。茶客将此称为"普味"。随着交通工具和交通设施的不断改进，普洱茶的运输时间大大缩短，人工后发酵成为普洱茶制作的一大新工艺，普洱茶便有了"生茶"（生普）和"熟茶"（熟普）之分。所谓"生茶"，即是旧时的晒青茶散茶和用毛茶直接压制的紧压茶（圆饼形紧压茶也称"生饼"）；所谓"熟茶"，即是将晒青茶、毛茶喷水渥堆后发酵至叶片成黑色后，再加以蒸压成形的茶品（其圆饼形茶也称"熟饼"）。

而无论"生普"或"熟普"，无论散茶或紧压茶，普洱茶都以后发酵度高者为佳。于是，以延长存放时间来增加后发酵度，成为提升普洱茶品质的一种常用方法，茶客们也常将存放时间的长短作为鉴定普洱茶品质的一大维度。基于存放时间，存放地点进而也成为影响普洱茶品质的一大要素。就普洱茶而言，以存放地点的环境相区分，有"干仓"（干燥的仓储环境）和"湿仓"（湿热的仓储环境）之分。据说，在气候干燥的北方（如北京）与气候湿热的南方（如香港，俗称"港仓"），同样的存储时间，出仓的普洱茶品质是大不同的。而为了缩短后发酵时间，现在也有一些厂家、商家和个人用加温加湿的方法形成"人工湿仓"。而"人工湿仓"所产普洱茶尽管外貌与"自然湿仓"所产的茶品相似，但内在品质远远不如后者。

一般而言，质量较好的普洱茶散茶干茶的外形特征为条索肥硕、匀整，呈褐色，有的是褐红中带灰白，有黑茶陈茶的醇香味；紧压茶干茶的外形特征是形体多样但形状规整，条索匀整，松紧适度，有黑茶陈茶的醇香味。质量较好的普洱茶茶汤，一般汤色为玫瑰色或酒红色，有的为深橙红色或深橙色，色泽亮丽；汤香为独特的陈茶醇香，汤味醇厚润泽，有回甘，茶性温和，茶气充足；茶底为褐红色，无杂质。

普洱茶耐泡，煮泡或浸泡均可。

沱

茶产于云南省大理白族自治州，以当地的滇青茶
树之绿茶毛茶（初制茶）或普洱散茶为原料制成，为大
理特产，也是云南省名茶和中国传统茶品。因产于云南，
也被称为云南沱茶；又因原产地和主产地在大理白族自
治州的下关镇，也被称为下关沱茶。

　　沱茶是在云南传统茶品——团茶的基础上，由茶商
和茶农一起于 20 世纪初叶研制并成功定型的。因其形
如碗，外圆而内凹，而滇语中圆形块状物被称为"坨"，
故当时称其为"坨茶"。坨茶面市后，大多运往四川沱
江地区，饮者认为"沱江水、下关茶"为最佳搭配，以
沱江水泡下关坨茶能得最佳茶味。在口口相传中，"坨茶"
之名逐渐转变为"沱茶"。

　　从原料上分，沱茶可分为绿茶沱茶和黑茶沱茶两类。
其中，绿茶沱茶以当年滇青青叶之晒青毛茶为原料，经
蒸压而成。其干茶外形紧结，碗形边沿圆正，凹陷面光滑，
凹陷明显；色泽乌润，披覆白毫；茶香清新醇浓。将沱
茶掰散，取适量入杯，用 100 摄氏度的沸水浸泡或煮泡，

汤色橙黄，明亮润泽；醇厚的热茶香中有山野青草的清香飘浮；汤味醇厚润滑，喉韵悠长；茶底褐润洁净。

黑茶沱茶以普洱茶散茶为原料，经蒸压而成，故又称云南普洱沱茶。其干茶外形紧致，形状圆正如碗，凹口深陷，色褐红，陈香四溢。将沱茶掰碎，取适量入杯，以100摄氏度的沸水浸泡或煮泡，汤色浓红，艳丽明亮；陈茶香馥郁；汤味醇和柔顺；茶底褐红洁净。

沱茶为重发酵或重发酵加后发酵茶，以我的经验，浸泡或煮泡，且以工夫茶的方法一汤一饮，更能得其佳味。

我一直认为水是茶之魂，唯有好水方能得好茶。诸多茶友也一直强调，七分茶、十分水，能得十分茶；十分茶、七分水，只能得七分茶。对此，"龙井茶、虎跑水"是一证，"沱江水、下关茶"亦是一证。可见，除了主料，配料也是何等重要。茶如此，推而广之，人又何尝不是如此？

茶语　最佳搭档方得最佳结果。

紅
茶

# 巴　　东　　红

　　巴东红产于湖北省恩施土家族苗族自治州巴东县，以当地原生态优质茶树之幼芽嫩叶为原料，由位于福建省南平市武夷山市桐木关的正山堂茶业以骏眉红茶制作工艺开发、研制，并在巴东县当地生产，为高档红茶。因茶源地在巴东县，茶品为红茶，故被命名为巴东红。

　　巴东县有悠久的产茶、制茶历史。据说，神农尝百草，就是在巴东县的大山里发现了茶；在唐代，来自巴东县的贡茶就名扬长安；饮茶是当地土家族人日常生活的组成部分，油茶、四道茶、罐罐茶等民俗茶品及相关

的民俗源远流长。以当地茶叶和茶业资源为基础，在 2015 年，正山堂茶业进入巴东县，以当地高山云雾茶为茶青原料，运用以传承 400 余年的正山小种红茶制作工艺为核心形成的金骏眉红茶制作工艺，并根据当地茶源特征进行改进，形成巴东红红茶制作工艺（该工艺后被归于骏眉红茶制作工艺），制作成巴东红红茶。这弥补了巴东县红茶品类的不足，使湖北省有了本省的红茶高端品牌。一经面市，巴东红就以独特的色、香、味和茶韵吸引了众多的茶人。2018 年，正山堂茶业在推出"骏眉中国"系列红茶时，巴东红名列其中。

巴东红以采摘于当地种植的绿茶茶树在春季新生的嫩芽（单芽型茶品）和一芽一叶（一芽一叶型茶品）为原料，以巴东红红茶制作工艺制作，在巴东县当地生产。其干茶条索紧致细秀；色为金、黄、黑相间，有润亮的光闪耀其上；花香明显，果香穿行其中。正山堂茶业的江元勋先生说，以 100 摄氏度的沸水冲泡正山堂茶业所产的红茶，且一冲一饮，更能得美色妙香和佳味。依言试之，此言不虚。以 100 摄氏度的沸水冲泡巴东红，且一冲一饮，茶汤为橙色，黄中闪红，红中闪黄，上覆一层银光，而银光中又有金色闪光的涟漪荡漾，犹如盛夏夕阳刚落，余晖仍明的夜空中刚刚升起的一轮明月；香以深山夏日盛放的百花之香为主，伴着夏日瓜果的甜香，形成一种带着瓜果清甜香的深山山花清新香；味柔而滑，纯而绵，入口即甜，茶味饱满；茶底为嫩红色，细润匀齐。

品饮巴东红，如晴朗的夏夜漫步于高山密林中，夏风柔绵，夏空清明，夏花清香，夏夜之景如梦幻，蓦然间，一轮大而圆而亮的月亮挂上了东山顶，顿时通身通心明彻……

茶语

你如那轮明月，升起在东山顶上。

白 琳 工 夫 茶

　　白琳工夫茶产于福建省福鼎市，以红茶茶树之嫩芽叶制成，为福鼎市特产，也是福建省名茶与中国历史名茶，与政和工夫茶、坦洋工夫茶一起，并称为"闽红三大工夫红茶"。因其主产区在福鼎市的白琳镇，宜以一冲一饮的工夫茶冲泡法饮用，故被命名为白琳工夫茶。

　　白琳镇产茶、制茶的历史可追溯至唐代。至清代，茶农和茶商又创制了被称为白琳工夫的红茶。白琳工夫一经问世，就广受茶客欢迎，并远销东南亚和欧洲。目前，白琳工夫茶大多以当地种植的小叶种茶树之嫩芽叶制作，口感更佳，特色更明显。

以当地种植的小叶种茶树之嫩芽叶制作的白琳工夫茶，其干茶条索紧致、细长秀丽，色乌黑亮润，有金色的茸毫披于上；香为茶叶的清香中夹着春花的芬芳。以 100 摄氏度沸水冷却至 95 摄氏度左右冲泡，且一冲一饮，茶汤色橙黄明亮，如秋阳照耀下的脐橙；香如暮春之花海，且馥郁的花香中又不时跳跃着嫩茶芽叶的清香，似顽皮稚童在花海中捉迷藏；汤味醇爽鲜甜；茶底深红，嫩匀。

白琳工夫茶给人一种豆蔻年华之感，让人不免想起快乐的少年时光……

白琳工夫茶可冲泡，也可浸泡，但以我的经验，以一冲一饮的工夫茶方法冲泡后品之，更能得美色妙香与佳味。

茶语

快乐的少年时光。

# 滇红工夫茶

滇红工夫茶为云南红茶中的一个品类，是云南省名茶，也是中国名茶。滇红工夫茶以产于云南省的大叶种茶树嫩叶或茶芽制成，以一道水一饮的方式饮用，所以被称为滇红工夫茶。

滇红工夫茶的主产地在澜沧江两岸的临沧市、普洱市、西双版纳傣族自治州、德宏傣族景颇族自治州、红河哈尼族彝族自治州、保山市等地区，于 1939 年试制成功。因汤色为华丽的亮红色，除了饮用外，英国女王曾将滇红工夫茶茶汤置于透明玻璃器皿中作为观赏品。故而，滇红工夫茶在欧洲尤其在英国有颇高的知名度。

滇红工夫茶外形或为条索状（以嫩叶为原料），或为芽苞状（以茶芽为原料），因嫩叶和茶芽均覆盖有浓密的茶茸毛，而茶茸毛在制作后成金黄色，从而使滇红工夫茶干茶呈现出绿玉披金的艳丽色彩。以沸水冲泡，且一冲一饮，滇红工夫茶茶汤色如红玛瑙（嫩叶制作）或呈深橘红色（茶芽制作），汤味醇滑甘润。因茶多酚含量较高，这醇滑甘润中又多了一种来自春天山野的清新之感。茶香为茶叶在发酵后形成的醇香，夹着丝丝缕缕春野中的花草香。茶底或嫩叶肥软；或茶芽如初春的花苞，含着羞涩微微开放。

滇红工夫茶以云南省产的大叶种茶树鲜叶嫩芽为原料，而这一茶树品种的青叶，也是普洱茶的原料。只是叶片成熟度不同，制作方法不同，茶品便有了不同的品质，具有了不同的特征：同一茶源，产出了不同的茶品。

滇红工夫茶除了作为单品饮用外，也适合加牛奶、糖制成奶茶饮用。所以，在欧洲，尤其是在英国，滇红工夫茶常被作为下午茶的基础茶供饮者自添辅料。

茶语 | 以茶对穿越和交互进行阐释。

# 滇红红碎茶

　　滇红红碎茶为云南红茶中的一个品类。云南省简称滇，故云南红茶亦称"滇红"。滇红的主产地在云南省澜沧江两岸的临沧市、普洱市、西双版纳傣族自治州、保山市、德宏傣族景颇族自治州、红河哈尼族彝族自治州等地区，以产于云南省的大青叶茶种树的青叶和嫩芽为原料制成，其中的滇红工夫茶创制于 20 世纪 30 年代末。而在滇红工夫茶的基础上，20 世纪 60 年代初，为适应外贸出口的需要，滇红红碎茶应运而生，成为一种滇红新茶品。

滇红红碎茶的加工方法是将采摘的大叶种茶树新叶揉捻，并切碎后进行重发酵（高度发酵），待茶叶成黑红色后，迅速烘干成茶品。滇红红碎茶干茶为切碎的茶叶碎片，色泽褐红，茶香为红茶特有的醇茶香中夹着微微的花草香。以沸水冲泡，汤色红艳亮丽；汤味浓厚鲜爽；重发酵形成的醇茶香悠长。开始时有野花的花香穿行在醇香中，5道水之后，花香便被茶醇香融化。

　　红碎茶可冲泡、浸泡或煮泡，可单茶品饮或加牛奶、糖后成奶茶品饮。滇红红碎茶为迎合外国人喝调配红茶的需要而创制，故而也是中国红茶中较适宜加牛奶、糖调制成奶茶品饮的一大茶品，在国外广受欢迎。

茶语

有需求就会有创造。

# 妃　　子　　笑

　　妃子笑产于福建省南平市武夷山市，以正山小种茶树之嫩芽叶制成，为高档红茶茶品，由正山堂茶业出品。因其色泽如荔枝红，香如荔枝香，味如荔枝甜，故借用唐代著名诗人杜牧的名诗《过华清宫》中"一骑红尘妃子笑，无人知是荔枝来"的"妃子笑"3字，将此茶品命名为妃子笑。

　　正山堂茶业的江元勋先生所在的江氏家族已有400余年制作正山小种红茶的历史，而妃子笑正是江氏家族第24代传人江元勋先生在传统工艺基础上，结合现代红茶制作工艺创制而成，为中国现代红茶增添了一款瑰丽之作。

　　妃子笑以采摘于位于武夷山国家级自然保护区的桐木关种植的正山小种茶树当年新生的嫩芽叶（一芽二叶）为原料，其干茶条索紧致纤秀，色泽乌润，新鲜荔枝的清香中有桂圆干的醇香时隐时现。用沸水冲泡，茶汤色橙黄亮丽，有金光在汤面闪烁；香以新鲜荔枝的清甜浓香为主香，3道汤

后转为荔枝干加桂圆干的醇甜香，8道汤后再转为新鲜荔枝的清香加嫩茶叶的植物甜香，香气悠长，茶尽仍有余香萦绕口鼻中；茶味醇和润滑，入口即甜，醇、润、甜从头到尾变化极小，稳定性佳，让人回味无穷；茶底褐红，秀嫩匀齐。与我品饮过的2014年正山堂茶业所产金骏眉相比，妃子笑的荔枝香更为醇厚浓郁，且层次变化明显，而上述2014年的金骏眉的荔枝香更为清雅清新，且直至茶尽变化不大，保持着较大的稳定性。

妃子笑给人一种爱情的甜蜜温柔之感，而"妃子笑"之名，也不免令人想到唐玄宗与杨玉环的爱情悲剧。然而，不论后来如何，当唐玄宗不顾江山顾美人，动用皇权和国力，将杨玉环爱吃的荔枝千里迢迢从岭南八百里加急运到西安时，其爱杨贵妃之情的深厚、爱杨贵妃之心的专一是明白无误且昭告天下的，而杨玉环品尝这皇上专赐之珍稀之物时，心中也会爱之涟漪连绵不断。两心相悦，两人才会有"在天愿作比翼鸟，在地愿为连理枝"的爱之誓言。只是美好的爱情是如此短暂。但从古到今，从中到外，美好的爱情之所以被口口相传、久久传颂，也正是在于它的稀少与短暂吧！故而，两心相悦的爱情即使不能天长地久，能够被一时拥有也当是十分珍贵的，须珍惜。

茶语

珍爱。

高

黎

瑞

　　高黎瑞贡产于云南省南部的高黎贡山地区，以当地
种植的大叶种古茶树新生的幼芽为原料，由正山堂茶业
开发、研制，并以骏眉工艺在高黎贡山地区生产，为高
档红茶茶品。因茶源地和生产地都在高黎贡山，红色有
祥瑞之意，且该款高档红茶可与旧时贡茶相媲美，故被
命名为高黎瑞贡。

　　高黎贡山被誉为"世界物种基因库""世界自然博
物馆"，也是国际公认的世界一大茶发源地。位于高黎
贡山地区的保山市、腾冲市等地区，具有悠久的产茶、
制茶历史，保山市产的普洱茶曾是茶马古道上运送的茶
品之一。茶马古道上的茶商在腾冲市制茶、买茶，然后
走上漫漫的货运之路。该运输之路因是运茶至西南边境
地区交易马匹，故被后人称为茶马古道。保山市的普洱、
腾冲市的滇红现今已是云南名茶的组成部分，保山市的
古树普洱茶如今已成为市场热炒的茶品之一。以当地茶
叶和茶业资源为基础，正山堂茶业于 2017 年进入高黎

贡

贡山地区，以制造出一流的中国红茶为指向，开发、研制成功了中国红茶中的新贵——高黎瑞贡，并在高黎贡山投入生产。高黎瑞贡投入市场后，以其独特的茶香与茶韵吸引了诸多茶人，知名度和美誉度不断提升。正山堂茶业在 2018 年推出"骏眉中国"系列红茶时，高黎瑞贡名列其中。

高黎瑞贡以种植于高黎贡山地区的大叶种古茶树（有专业茶学学者认为，树龄在 600 年以上的茶树为古茶树）春季新生的嫩芽为原料，运用高黎瑞贡红茶制作工艺制作。该工艺以在传承 400 余年的正山堂正山小种红茶制作工艺基础上发展而来的金骏眉红茶制作工艺为核心，针对高黎贡山当地茶源特征改进而成。其干茶外形为长粒状，芽头肥壮，色泽乌润，有暗红色闪耀其中，满披金色茸毫，如灵动的金丝猴跳跃在原始密林中；香如春花之芬芳，夹着西南高原暮春初夏清晨山风的清新之气。以 100 摄氏度沸水冲泡高黎瑞贡，且一冲一饮，茶汤色金黄，亮丽清澈，如秋日晴天西南高原雪山背后辉映的夕阳，辉煌而壮丽；香为春日花海中飘扬的花香，清丽芬芳，不时有西南大山里特有的山野清凉之气穿行其间，芬芳、清新且悠长；味醇而厚实，浓而纯正，润而绵柔，微涩，回甘迅速而饱满，有一种云南大叶种茶树特有的刚烈一直贯穿其中，形成高黎瑞贡独具一格的醇柔包裹着铁骨，铁骨支撑着醇柔的茶感；茶底为红棕色，润嫩匀齐。

刚中有柔，柔中有刚，刚柔并济是高黎瑞贡特有的茶韵，它让醇润柔甜的红茶有了铮铮铁骨，如一位柔情似水的芬芳女子有了仗剑策马走天涯的豪气。

茶语 | 铁骨柔情。

# 海南红茶

　　海南红茶主要产于海南省五指山市和尖峰岭一带，尤以产于五指山地区的茶品知名度更高。海南红茶主要以云南大青叶茶树和海南大青叶茶树的芽叶制成。这两种大青叶茶树的芽叶肥壮，叶形较大，适宜加工成各类红茶。

海南红茶历史悠久，但得到重视被大力发展是在20世纪50年代末，20世纪80年代开始获得快速发展，进而成为海南茶中的一大主打产品，成为海南省特产和名茶。

海南红茶是以地区名分类的红茶，它包括了海南五指山传统红碎茶、南海CTC红碎茶、海南工夫红茶、海南香兰红茶等品类。其中，南海CTC红碎茶以CTC红茶机切制碎茶，故名；香兰红茶则是在茶叶中添加了从香荚兰豆中提取物。而因海南红茶茶青的采摘有春、夏、秋、冬4季，因此，每款茶品大致也可分为春茶、夏茶、秋茶、冬茶。

一般而言，高品质海南红茶干茶色泽乌黑油亮，条索粗壮紧实，碎茶茶形匀整干净。以沸水冲泡，汤色红亮，红茶醇香浓郁悠长，汤味浓而鲜，红茶味强烈。就我个人的感受而言，海南工夫红茶、海南香兰红茶更适宜清饮，且一冲一泡更佳，而海南红碎茶则更适宜添加牛奶、糖等辅料饮用。也许正是因为如此，红碎茶才在更流行非清饮茶的欧洲广受欢迎。

茶
语

各取所需，各得所爱。

九

曲

红

梅

　　九曲红梅产于浙江省杭州市西湖区，以绿茶茶树之嫩叶制成，为浙江省名茶，也是中国传统名茶。因其最早由来自福建省南平市崇安县（今武夷山市）的茶农研制，武夷山有著名的九曲溪，该茶品的干茶也呈弯曲状，而茶汤则艳如红梅，故被命名为九曲红梅。

　　清中期，因战乱，不少武夷山茶农北迁到今杭州市西湖区双浦镇邻近钱塘江一带，在山上开荒种粮种茶，并以乌龙茶制作工艺制作茶品，以谋生和自用。因茶形如钩，茶汤艳丽，茶味甜醇，这款以"九曲红梅"命名（又称"九曲乌龙"）的红茶一经问世，便大受欢迎，一举成名。九曲红梅在20世纪20年代末，被列为中国十大名茶之一。抗日战争爆发后，杭州沦陷，九曲红梅的发展跌入低谷，并一直因战乱难以恢复。1949年中华人民共和国成立后，九曲红梅的生产虽有所恢复，但因同处杭州市西湖区的西湖龙井茶名声太盛，难免有"月明星稀"之现象。近年来，随着红茶需求的不断扩大和增长，九曲红梅的产量和质量都有了较大提升，进入新的发展阶段。

九曲红梅以谷雨前后一芽两叶初展的茶树之青叶为原料，通过杀青、萎凋、揉捻、发酵、烘干等工艺制作而成。其干茶条索成鱼钩形，抓一撮干茶入掌，可见钩钩相扣成环，有一种玩九连环的乐趣；色乌润，茶毫披金色，茶香馥郁。以100摄氏度沸水冷却至95摄氏度冲泡，且一冲一饮，汤色艳丽红亮，如红梅满山开放；香如仲春田野的花海，扑鼻芬芳中带着春草的清香；味醇滑，入口即甜，花香入汤，香甜悠长；茶底红亮成朵，柔软匀齐。

品九曲红梅，宜先观色，次闻香，再品味。一盏在手，一盏入喉，毛泽东同志那首著名的《卜算子·咏梅》的下阕便涌上心头："俏也不争春，只把春来报。待到山花烂漫时，她在丛中笑。"九曲红梅色如报春红梅，香如春日花海，味如与花海融为一体的红梅香，馨甜而灿烂。

九曲红梅为工夫红茶，宜一冲一饮。据说，九曲红梅以产于双浦镇大坞山的为最佳，而以来自双浦镇灵山的灵泉水冲泡大坞山所产的九曲红梅，与虎跑水冲泡龙井茶一样，同为茶味绝品。

茶语　红梅报春，春花烂漫。

骏眉红产于福建省南平市武夷山市，以武夷山所产正山小种茶树之幼芽嫩叶为原料，由位于武夷山市桐木关的正山堂茶业以骏眉红茶制作工艺在武夷山制作。该款茶品为红茶，因运用的是骏眉红茶制作工艺，而到目前为止，正山堂茶业所产红茶中以 2005 年由正山堂茶业研发的金骏眉红茶的品质为最高，为区别于正山堂茶业在武夷山本部所生产的其他红茶，故将其命名为骏眉红。

红茶的发源地为武夷山的桐木关，桐木关所种植的正山小种茶树是世界上古老的茶树品种之一，在今天，印度红茶、斯里兰卡红茶、肯尼亚红茶等著名红茶的茶树品种的源头都可追溯到桐木关正山小种茶树。以传承 400 余年的江氏家族之正山小种红茶制作技艺为基础，以 2005 年研制的金骏眉红茶制作工艺为核心，2013 年，以江元勋先生为首的正山堂茶业运用改进的骏眉红工艺（该工艺后被称为骏眉红茶制作工艺），开发、研制成功了骏眉红红茶，为中国红茶的高端品牌又增添了一位新成员。骏眉红红茶的茶感和茶韵有别于正山堂茶业生产的其他红茶，其面市后，好评不断。2018 年正山堂茶业推出"骏眉中国"系列红茶时，骏眉红名列其中。

骏眉红以武夷山种植的正山小种茶树春季新生的嫩芽（单芽型茶品）和一芽二叶（一芽二叶型茶品）为原料，以骏眉红茶制作工艺在武夷山制作。其干茶条索细秀紧致；色乌黑润亮；香为秋日的花果之香，有蜂蜜的甜香拂面而过。以 100 摄氏度的沸水冲泡骏眉红红茶，且一冲一饮，茶汤色橙黄，有金光在汤面闪烁，澄明透亮。汤香在前 3 道汤以春花的芳香为主香，伴随着夏果的清香和蜂蜜的甜香；第 4—6 道汤转为以夏果的清香为主香，伴随着蜂蜜的甜香和春花的芳香；第 7—9 道汤又转为以蜂蜜的甜香为主香，伴随着夏果的清香和春花的芳香；9 道汤之后，便是花香、果香、蜂蜜香融为一体，直至茶尽，余香依然袅袅飘浮在杯中。汤味绵柔滑润，甜味悠长；香入汤中，茶味绵润香甜。茶底为古铜色，茶叶幼嫩秀雅，匀齐润泽。

品骏眉红，可知何谓正山堂红茶之香溶于水，水透着香；何谓正山堂红茶之齿颊留香，柔甜悠长。而一盏融澄明的橙黄汤色、芬芳清新甜蜜的香气、绵滑润柔的香甜味于一体的茶入喉，也难免让人进入温柔乡、香甜梦中。

茶语

温柔乡，香甜梦。

骏

眉

中

国

　　"骏眉中国"产于福建省南平市武夷山市，以产于中国九大传统茶区的9款高档红茶拼配而成，由正山堂茶业出品。因是以来自中国九大传统茶区以骏眉工艺制作的茶品拼配而成的红茶，故该款茶品被命名为"骏眉中国"。

　　"骏眉中国"所拼配的产于九大传统茶区的红茶茶品为：河南省信阳市的信阳红、浙江省绍兴市的会稽红、贵州省普安县的正山堂·普安红、安徽省黄山市的新安红、四川省雅安市的正山堂·蒙山红、云南省高黎贡山的高黎瑞贡、湖北省巴东县的巴东红、湖南省古丈县的正山堂·古丈红、福建省武夷山市的骏眉红（以上9款茶品的简介及品茶心得详见本书相关文章）。这九大茶区均有悠久的产茶、制茶史，也各有名茶乃至贡茶。而这些茶品也是正山堂茶业以当地的茶源，在当地制茶业的基础上，运用正山堂茶业江元勋先生所在的江氏家族传承400余年的红茶制作工艺，以2005年创新的正山堂茶业金骏眉制作工艺为核心，根据当地茶源特征结合骏眉红茶制作工艺制作而成的。经工艺师的不断研制、制茶师的精心制作，2018年"骏眉中国"作为正山堂茶业红茶系列的扛鼎之作问世，成为中国高端红茶中的新秀。

　　"骏眉中国"红茶有单芽型和一叶一芽型两种类型。其中，单芽型"骏眉中国"的干茶条索细紧厚实，黄黑相间，披霞金色茸毫，花香如清晨的玫瑰开放。以100摄氏度的沸水冲泡，且一冲一饮，茶汤为金黄色，黄中透金，金中蕴黄，汤面金光闪烁，如一袭华丽的龙袍。香以夏日清晨带露开放的玫瑰花的清香为前香，继之是夏秋季甜瓜熟果的清甜香，最后是蜂蜜的甜香。6道汤后，玫瑰香淡去，瓜果香和蜜香融合在一起，形成主香，饱满而悠长。汤味醇滑柔实，鲜爽甘甜，入口即香中有甜、甜中有香，茶味萦绕口中，数小时后仍回味无穷。茶底幼嫩匀齐，红亮润柔。

"骏眉中国"一芽一叶型干茶条索细秀紧致，色金黄相间，香如馥郁而清新的初夏季节山间野花之香。以100摄氏度的沸水冲泡，且一冲一饮，茶汤色橙黄，澄明透亮，如秋日清朗的黄昏半空中悬挂的夕阳；香以蜂蜜香为主香，伴随着夏秋之际蜜瓜熟果的清甜香，香味充实而悠长；味醇厚鲜爽，甜味润口悠长，饮后那种醇厚的鲜甜余味久久不散；茶底柔软红亮，秀丽匀齐。

品"骏眉中国"，须静下心来，神入茶中，方能随着茶之色、香、味的变化，听到茶之言语，感悟到茶之深意。一盏在手，以会稽红为开端，走上"唐诗之路"，领略古代才子的风雅；继而是新安红带来的黛瓦白墙内不经意间透出的无限清雅；走出清雅，看到的是信阳红体现的中原山区农民喜获丰收的笑颜，纯粹而质朴；然后是湖南苗族三月三节日的载歌载舞，古丈红带来的热烈让人融化为歌中的一个音符，热闹得让人忘记自己是谁；欢声笑语入雅安，雅安红让人体味到秋花秋果之美；带着秋色之美的茶意进入巴东红的茶境，让人心旷神怡，通身舒畅；接着普安红带来的幸福感从心底涌起，幸福作为一种实实在在的存在化作暖流在身体中流动；最后，这种美好和幸福感在高黎瑞贡特有的醇厚中变得更为充实，又在高黎瑞贡特有的清冽和涩后回甘中清醒，让人领悟到幸福来之不易，应该好好珍惜。而自始至终，骏眉红如梦般的温柔甜美作为一种主味与主香贯穿于"骏眉中国"的茶汤中，成为"骏眉中国"红茶之基本茶韵。一片小小的茶叶，就这样让人体验到生命无限，让人体会到生活无限。

茶语

山河无限，生活无限。

# 会　　稽　　红

　　会稽红产于浙江省绍兴市，以当地原生态茶树之幼芽嫩叶为原料制成，由正山堂茶业开发、研制，以骏眉红茶工艺在绍兴市制作生产，为绍兴市特产，也是浙江省名茶。绍兴，古称"会稽"，而会稽红茶品的青叶来自种植在绍兴市会稽山上的茶树，茶品为红茶，故被命名为会稽红。

　　绍兴地区种茶、制茶、饮茶的历史可追溯至汉代，至今已有近 2000 年的历史，是中国著名的茶乡。正山堂茶业于 2012 年进入绍兴地区，以正山堂金骏眉制作工艺为核心（该工艺后被统一归于骏眉红茶制作工艺）形成会稽红制作工艺，开发、研制了会稽红红茶，并在当地进行生产，填补了绍兴地区无高档红茶的空白。而会稽红一经面市，就受到众多茶友的欢迎，如今已成为浙江省名茶之一。正山堂茶业于 2018 年推出"骏眉中国"系列红茶时，会稽红也名列其中。

　　会稽红以生长在会稽山的绿茶茶树春季（单芽型茶品）和秋季（一芽一叶型茶品）新生的幼芽嫩叶为原料，其干茶为条索形，条索紧致，纤细弯曲；色乌红，上覆金色茸毫，润泽闪光，金色的灵动中闪耀着乌红的沉稳；香是一种混合性的甜香，清新、芬芳而又带着甜蜜。以 100 摄氏度的沸水冲

泡会稽红，且一冲一饮，汤色金黄明亮，有一种琥珀的奢华感。茶香是果香、花香、蜜香的综合香，且层次分明：前3道汤以夏果的清甜为主香，第4—6道汤以秋兰芬芳为主香，第7—9道汤以蜂蜜的甜香为主香，在此之后，则是果香、花香、蜂蜜香融为一体，茶香伴随茶汤，至茶尽后，仍口有余香。味醇而绵柔，鲜而清爽。入口微涩，但迅速转为清甜。2道汤后，茶味变为入口即现茶叶特有的植物甜味，醇柔的鲜甜让人进入风雅钱塘的无尽意境之中。茶底为古铜色，棕红色的嫩芽叶纤细秀雅，匀齐润泽。

钱塘自古风雅，文人才子荟萃。品会稽红，就如遇见出自旧时书香门第的风流才子，才子谦和有礼，才华横溢，俊朗飘逸，相见交谈甚洽，于是，同去茶楼品茗言欢。

茶语

遇风雅才子，相见欢，相交亦欢。

老
山
红
茶

　　老山红茶产于云南省文山壮族苗族自治州麻栗坡县，以红茶茶树之青叶制成，属于滇红工夫茶，为文山特产。因主产区位于麻栗坡县的老山，故被命名为老山红茶。

　　老山红茶的干茶条索紧致，色黑红润泽，花香宜人。以100摄氏度沸水冷却至95摄氏度左右冲泡，且一冲一饮，茶汤色为深玫瑰色，深沉而浓厚；芬芳的茶香中，有幽幽藿香浮动，让人在沉醉中带着一分清醒；味醇而浓郁，柔而微甜，回味悠长；茶底褐红匀齐。作为滇红工夫茶之一，老山红茶宜用工夫茶的泡法和饮法，一冲一饮，方能得茶中真味。

老山有悠久的产茶史，听说至今山上仍到处可见有 300—500 年树龄的老茶树。老山也是一座英雄之山，40 多年前的对越自卫反击战中，许多军人以鲜血乃至生命捍卫了祖国的领土完整和国家尊严。我没去过老山，但去过当时也属主战场的西畴县者阴山。在 21 世纪初去西畴县进行扶贫项目调查时，我与同伴特地去拜谒了者阴山下的烈士陵园。走过一块又一块墓碑，看到烈士牺牲时大多 19 岁左右，入伍时间为 2 年左右。能参军入伍是一件十分荣耀的事。而他们的光荣与梦想就这样停止在青春年少时光。陵园很安静，夏日的晚霞中，山风吹着树叶沙沙响，伴着我们无限的哀思；陵园很干净，无杂草，无败叶，墓碑上无尘土，墓前清洁。陵园四周绿树鲜花围绕，生机勃勃。据介绍，因多数烈士的家乡离这儿很远，亲友难以经常来照看，除了相关机构外，许多当地人经常自发前来照看，进行相关的纪念活动。想来，在老山的烈士陵园，也会如此吧！

品老山红茶，总不免想到那场战争，想到晚霞映照下的那一座座墓碑，想到那烈士陵园的静和净，想到那些戛然而止的年轻的生命，想到那些突然折断的梦想的翅膀……举一盏老山红茶，向着远方道一声：为国捐躯的烈士们，永垂不朽！

茶语

永远的怀念。

# 宁红工夫茶

　　宁红工夫茶产于江西省九江市修水县，以红茶茶树或福鼎大白茶之青叶制成。宁红工夫茶始于清朝道光年间，因当时修水县属宁州，故称宁州工夫红茶，又称宁红，是中国名茶之一，也是一款具有悠久历史的中国传统工夫红茶。

　　宁红工夫茶多以谷雨前初展的一叶一芽或两叶一芽的青叶为原料，芽叶芽苞壮硕，嫩绿，芽叶匀整，制成的干茶条索紧结圆直，锋苗挺拔；色泽乌黑润泽，有红色幽光闪烁其间；闻之，有一种暮春山野的花香。而在20世纪80年代创制的特级宁红工夫茶——宁红金毫，更是通身披覆金毫，乌润暗红之上金光闪耀，以一种皇家贵气而闻名天下。

将 100 摄氏度沸水冷却至 95—98 摄氏度冲泡宁红，且一冲一饮，佳者茶汤色艳红，如一位当红明星披一袭红衣，华丽丽地登场亮相；汤香是鲜花盛开的暮春大森林中特有的浓郁而繁复的花草香，盈鼻、盈口，直冲脑际，令人惊艳；汤味醇厚，在其他工夫红茶中少见的茶鲜味明显且饱满，入口即有茶叶特有的植物甜，甘甜、鲜爽与红茶特有的醇厚融为一体，构成宁红茶汤与众不同的茶味；茶底乌红润泽，叶芽匀整，给人一种红木特有的稳重的贵族感。

宁红的品饮有清饮和调饮两种方法。其中，前者为仅以适宜水温的水冲泡饮茶汤，后者为添加牛奶、糖等后品饮。相较之下，国人更习惯于清饮，调饮法更多的是西方及俄罗斯等外国人的一种饮茶法。

据说，旧时，宁红制作工艺之一为热发酵，后在 20 世纪 50 年代改成湿发酵。工艺的改变必然带来茶之色、香、味的改变。而这一改变在何处，又引起茶韵乃至茶意的何种变化，只能在品鉴了用传统工艺制作的茶品后，才能评说了。

茶语

简单也可以成为一种华丽。

祁
门
红
茶

祁门红茶产于安徽省黄山市祁门县，以当地红茶茶树之芽、幼叶、嫩茎制成，为祁门县特产，也是安徽省名茶和中国传统名茶。

祁门县有悠久的产茶、制茶历史，但曾一度只产制绿茶，直至清朝末年，茶商从江西省带来了江西红茶（宁红）制作师傅和制作工艺，组织茶农创制和生产红茶，才使红茶成为祁门茶的主打产品，并形成祁门红茶这一品牌茶品。祁门红茶创制成功后，通过茶商的营销，一问世就声名大振，广受茶人，乃至英国的皇室、上流社会的欢迎。1915 年，祁门红茶获巴拿马万国博览会金质奖章，是中国红茶中的一大传统代表性茶品。

祁门红茶以当年新生的单芽、幼叶、嫩茎为原料制成初制品后，再用特有的祁门红茶制作工艺进行拼制加工，最后形成祁门红茶茶品。祁门红茶分为不同的等级，就一级以上的茶品而言，其干茶条索细匀齐整，色乌润，花香中夹着嫩茶叶的清香。将 100 摄氏度沸水冷却至 95

摄氏度左右冲泡，且一冲一饮，茶汤色红艳，明亮清澈；香以红茶制作工艺形成的特有的花香为主香，以新生的茶嫩叶特有的清新鲜甜香为辅香，融合成祁门红茶特有的被称为"祁门香"的香气，高醇清甜；味鲜爽，茶叶的植物甜入口即现；茶底色鲜艳，匀齐洁净。

祁门红茶属工夫红茶，宜用一冲一饮的工夫茶方法冲泡和品饮，方能品得茶中真味。

据说，江西红茶源自福建省桐木关之正山小种红茶（属闽红），祁门红茶源自江西红茶。而前两者至今的知名度和美誉度都不如祁门红茶，这与当时徽商的运作与营销有着极大的关联。从某种角度讲，正是徽商的运筹帷幄，造就了祁门红茶的后来居上。可见，即使在商人被排斥在社会主流之外的封建社会，居于社会末流的商人也是推动社会运行的一大重要力量。

茶语

无俗难有雅。

# 坦洋工夫茶

　　坦洋工夫茶产于福建省福鼎市福安市，以产于当地的大叶种茶树之嫩芽青叶为原料制成，为福安市特产，也是福建省名茶和中国历史名茶，与白琳工夫茶、政和工夫茶一起，并称为"闽红三大工夫红茶"。因发源地和主产区位于福安市坦洋村，宜以工夫茶方法冲泡和饮用，故被命名为坦洋工夫茶。

　　福安市产茶、制茶历史悠久，至清朝中后期，坦洋村茶农又创制了坦洋工夫红茶，经广东省运往国外销售，广受欢迎。于是，从清中后期至抗日战争前，福安市茶行林立，茶品畅销，坦洋村成为闽东的一大茶品集散地，红茶更是人们口口相传的可换黄金之物，盛名远播。1915年，坦洋工夫茶获巴拿马万国博览会金质奖章。因战乱，从抗日战争时期至解放战争时期，坦洋工夫茶销量大跌，市面上几近绝迹。中华人民共和国成立后，在引进和培育成功福鼎大白茶、福安大白茶、福云等大叶茶品种茶树基础上，以这些大叶种茶树之嫩芽青叶为原料，坦洋工夫茶逐渐恢复生机，并在经历了20世纪七八十年代由绿茶旺销引发的红茶危机后，从20世纪80年代末开始，走上复兴之路，产量和质量不断提升，坦洋工夫茶重振辉煌。

坦洋工夫茶以当年新生长的当地大叶种茶树之嫩芽青叶（单芽、一芽一叶、一芽二叶）为原料，用红茶制作工艺制作。其干茶条索紧致，色乌润，金色茸毫覆盖其上，大叶茶种茶品特有的茶香和着五月鲜花的芬芳扑面而来，令人不禁惊呼：好香！以100摄氏度沸水冷却至95摄氏度左右冲泡，且一冲一饮，汤色红棕，透亮明丽，有金光在汤面闪烁；香以桂圆香为主香，夹着春草的清香，馥郁而清新；味醇厚爽滑，大叶种茶特有的茶鲜味十分明显；茶底鲜亮匀净，褐红秀丽。

也许是与历史专业出身相关，品坦洋工夫茶，总不免令我想到与之相关的茶农、茶商、社会、国家、民族的历史。小小的一片茶叶里，藏着沧海桑田。

茶语

重振辉煌。

新
安
红

新安红产于安徽省黄山市休宁县，以当地绿茶茶树之幼芽嫩叶为原料，由正山堂茶业以骏眉红茶制作工艺开发、研制，并在当地生产，为高档红茶茶品。因休宁县属黄山市，黄山市旧时属新安县，新安江由此发源，该茶品为红茶，故被命名为新安红。

休宁县有悠长的产茶、制茶历史，"琅源松萝""白岳黄芽""金龙雀舌"等为中国传统名茶，近几十年来，又开发、研制了"新安源银毫""松萝山"等名优茶品。但其所生产的茶品基本上是绿茶茶品，而邻近的祁门县生产的祁门红茶则闻名天下。2016年，正山堂茶业进入休宁县，以当地

的茶叶和茶业资源为基础，以已传承 400 余年的正山堂正山小种红茶制作工艺为核心，根据当地茶源的特征，形成新安红红茶制作工艺（该工艺后被统一归于骏眉红茶制作工艺），开发研制成功新安红红茶，并在当地投入生产。新安红的问世为休宁县茶界新增一款红茶新贵，其犹如一颗新星升起在盛名远扬的徽茶中。新安红面市后，受到茶人们的广泛好评，故而，2018 年正山堂茶业在推出"骏眉中国"系列红茶时，新安红名列其中。

新安红以种植在休宁县当地的绿茶茶树在春秋两季新生的嫩芽（单芽型）和一芽一叶（一芽一叶型）为原料，采用新安红红茶制作工艺制作。其干茶条索紧致秀丽；色黄黑相间，黑中显黄，黄中现黑；香为秋果之香，如苹果的香甜融合着雪梨的清甜。以 100 摄氏度的沸水冲泡，且一冲一饮，新安红茶汤色金黄透亮，纯净艳丽，如一位艳丽的皇后着一袭华贵的凤袍，在阳光普照下，华丽地登上高台。香为果香加蜜香，浓郁而悠长。其中，前 3 道汤以秋果甜香为主香，以蜂蜜的甜香为辅香；后 3 道汤以蜂蜜的甜香为主香，以秋果的甜香为辅香；接下来则是果香、蜜香相融于一体，直至茶尽，仍汤中有香，口中有香。茶味滑爽润绵，入口甜醇，清雅纯净；茶底柔嫩匀净。

新安红有一种以诗书传家的江南书香大家族特有的清雅奢华之茶韵，这是一种百年传家的，以清正、清纯、清新为内核的秀雅、优雅、文雅之上的奢华，无柴米油盐之累，无庸脂俗粉之碌，无身份卑微之苦，唯有富贵、高雅和高贵。

茶语

清雅的奢华。

# 信 阳 红

  信阳红产于河南省信阳市，以信阳毛尖绿茶茶树之茶青为原料制成，由正山堂茶业开发、研制，以骏眉红茶制作工艺制作，在信阳市生产，为信阳市特产，也是河南省名茶。"信阳红"项目是正山堂茶业参与的河南省一大扶贫项目，所产茶品因产自信阳市，且为红茶，故被命名为信阳红。

  信阳地区有 2000 余年的产茶、制茶历史，所产之信阳毛尖是中国传统名茶。在此基础上，正山堂茶业于 2010 年开始进入信阳市，以改进后的正山堂正山小种制作工艺——信阳红制作工艺（该工艺后被统一归于骏眉红茶制作工艺）开发、研制成功信阳红红茶，改写了信阳无红茶的历史。信阳红问世后，广受好评，如今已成为河南省一大名茶。正山堂茶业在 2018年推出"骏眉中国"系列红茶时，信阳红作为全国九大传统茶区经典茶品之红茶茶品之一，也名列其中。

  信阳红以采摘于夏秋之际与信阳毛尖绿茶青叶来源相同的绿茶茶树

之新生的幼芽嫩叶为原料，其干茶条索修长而紧致，色为金黄与黑相间，黑中闪金，金中跃黑；果香拂面。以100摄氏度的沸水冲泡信阳红，且一冲一饮，茶汤色为红铜色，有金光在汤面荡漾，透亮而明澈，散发着聪慧的灵动感；汤香为甜甜的果香，是南方初夏果园中飘荡的甜香，清爽而馥郁；汤味醇厚而滑爽，润泽而饱满，入口即引发一种丰收的喜悦与充实；茶底为红褐色，嫩叶幼芽匀整、洁净、润亮。

信阳红，如中国传统农业社会中常年居住在中原山地的农民，有着山地农民特有的如山般的质朴与稳重老成，同时，不时散发出山地农民特有的聪慧机敏。

且饮一盏信阳红，聊以自慰吧！

茶语　回到过去，与山民相遇。

# 烟　　小　　种

烟小种主产于福建省北部，以正山小种茶树之青叶为原料制成，为闽北特产，也是福建省名茶和中国传统名茶。因最后一道工序为烟熏烘干，故简称烟小种。

红茶源于闽北武夷山市的桐木关。旧时，桐木关茶农制作红茶的最后一道工序——烘焙，是以山上盛产的松树树枝烧成的松木炭为燃料的。所以，旧时桐木关所产正山小种红茶和现在用传统工艺制作的正山小种红茶都带有一种松木香，这一特有的松木香也成为旧时正山小种红茶和现在以传统工艺制作的正山小种红茶的主要特征之一。

在正山小种红茶制作工艺传到同属闽北的政和县、坦洋村等地后，传说因当地缺少松木，最后一道由松木炭烘焙的工序改为用松木燃烧形成的松烟经烟道烘的方法。经松烟熏烘的红茶较之用松木炭烘焙的红茶别有一种烟熏味，因当时政和红茶、坦洋红茶是中国出口西欧的主要茶品，这一烟熏味受到西欧社会尤其是西欧上流社会的欢迎，被称为"松烟香"。而当桐木关茶农也顺应国外茶人的需求，制作烟熏正山小种红茶后，"烟小种"（松烟熏烘的正山小种红茶的简称）也就与炭烘焙的正山小种一起，成为正山小种红茶的两大传统茶品。至今，桐木关一些红茶企业以及一些

茶农所产茶品中，仍有这一烟小种茶品，以供喜爱松烟味红茶的茶客品饮。而作为地处桐木关的武夷山市红茶龙头企业的正山堂茶业，以传承中国红茶制作历史为己任，更是注重烟小种的制作，保持烟小种的传统特征。正山堂茶业所制作的炭烘正山小种在国内广受欢迎，其所制作的烟小种也在国外广受好评。据说，在西欧一些国家中，正山堂茶业生产的烟小种是某些专品烟小种的会员制会所的必备茶品。

正山堂茶业所产烟小种以当年春秋两季所新生的、种植于桐木关的正山小种茶树之青叶为原料，用烟小种传统制作工艺制作。其干茶条索紧直秀丽；色乌褐，有润光；松烟味浓郁，夹着微微的干桂圆的甜香。取干茶5克左右入杯，按正山堂茶业江元勋先生所说，以100摄氏度的沸水冲泡，且一冲一饮，茶汤色橙红亮澈，有光亮在汤面随水波闪动，令人想到边关的残阳；汤香是浓烈的松烟香，夹着优质烟草的香味，还有忽隐忽现的干桂圆的甜香，使得威猛的汤香有了些微香甜的欢快和喜庆；汤味爽滑，茶甜味饱满，一茶入喉，畅快淋漓，回味悠长；茶底青褐，叶片柔软匀齐。

烟小种浓烈的松烟味总让我想起战场硝烟，而带着喜悦感的甜香和带着欢畅感的茶味又会令我联想到战斗的胜利和一路高呼"捷报！捷报！"的战士，加上如边关残阳的汤色，于是，毛泽东同志的《采桑子·重阳》便在耳边响起："人生易老天难老，岁岁重阳。今又重阳，战地黄花分外香。一年一度秋风劲，不似春光。胜似春光，寥廓江天万里霜。"这首词与烟小种所营造的茶之意境相合，由此，借用毛主席词中"战地黄花分外香"一句，烟小种的茶语当是战地花香。

茶
语　　战地花香。

宜红工夫茶

宜红工夫茶产于湖北省西部、湖南省北部交界处的武陵山区和大巴山区，以当地中叶群体种茶树之嫩叶制成，为当地特产，也是湖北省名茶和中国传统名茶。因最早创制于湘北石门县的宜市，且为红茶，创制人希望以地名命名茶品，故被称为宜红。该款茶品为工夫红茶，所以又被称为宜红工夫茶，简称宜红。

武陵山区和大巴山区自古产好茶。清朝中期，福建省崇安县（今武夷山市）的工夫红茶制作工艺日臻成熟，传入江西省后，又继续传入安徽省、湖南省、湖北省，武陵山区和大巴山区的茶农开始制作红茶初制茶（俗称毛红茶、红茶毛茶），供广东省茶商采购。至光绪年间，有广东商人在该地区开办红茶制茶厂，请安徽省的祁门红茶制作师傅前来制作精制红茶，由此创制了宜红茶，宜红茶进而成为中国工夫红茶的又一代表产品。宜红自问世后，一直以出口为主，在近代，曾与宁红、祁红、闽红一起，组成中国出口红茶的主打产品；在 20 世纪五六十年代，与祁门红茶、滇红工夫茶一起，是中国出口红茶的三大主要茶品。宜红在 20 世纪 20 年代达到兴盛；从 20 世纪 30 年代起，因战乱，一直处于低迷期；1949 年中华人民共和国成立后，走上复兴之路。目前，宜红外销和内销并举，知名度和美誉度不断提升。

宜红以当地中叶种茶树当年新生的幼芽嫩叶为原料，采用宜红传统制茶工艺制成。其干茶为条索状，条索紧致纤秀，有金毫显露，色黝黑油亮，红茶特有的醇香中夹着茶青嫩叶的清香。以 100 摄氏度沸水冷却至 95 摄氏度左右冲泡，且一冲一饮，茶汤艳红明亮，时有金光沿盏壁荡漾；香如夏花，芬芳、新鲜而甘甜；汤味鲜爽而醇和，回甘悠长；茶底暗红，匀齐亮润。宜红最大的与众不同处是它的"冷后浑"。红茶内因含丰富的茶黄素和茶红素，与茶中的咖啡因相结合形成冷后浑粒子，在热水中溶化，热水冷却后转为沉淀物，故而高档宜红茶汤冷却后会呈浆黄色的浑浊，茶界将此现象称为"冷后浑"。

虽早知道宜红的这一"冷后浑"，但那天将品了一半的宜红茶汤搁置后去处理一件急事，回头再品时突然看见这"冷后浑"，还是不免震惊。见到那艳红明亮竟一下子成了黄浆，突然多年前那首名为《梦醒时分》的流行歌曲就响起在耳边：要知道伤心总是难免的，在每一个梦醒时分……明艳背后，欢歌深处，繁华落尽，又是何如？

茶语 | 梦醒时分。

英
德
红
茶

英德红茶产于广东省英德市，以云南大叶种茶树之青叶制成，为英德市特产，也是广东省名茶。其以产地名命名，故称"英德红茶"。

英德产茶历史悠久，早在唐代，就有贡茶上贡朝廷。20 世纪 50 年代，英德市成功引进云南大叶种茶树后，又试制成功新的茶品——英德红茶，广受茶人好评。而其中的碎茶茶品出口英国后，受到英国女皇推崇，名扬海内外。

从茶形分，英德红茶有两大类，一为红条类，一为红碎类。其中，红条茶以当年新生长的单芽或芽叶为原料，干茶为条索形，条索圆紧，色泽乌润，金毫显露，花香浓郁。以100摄氏度沸水冷却至95摄氏度左右冲泡，且一冲一饮，汤色红艳明亮且有金光闪耀，花香芬芳，汤味浓醇爽口，茶底柔软润泽。饮之，给人一种体验亚热带地区风情、观赏亚热带地区风光之感。

红碎茶是以当年新生长的一芽二叶、一芽三叶之青叶为原料，其干茶因经切碎加工，颗粒细小匀整，色泽乌红，花香飘荡。以100摄氏度沸水冷却至90摄氏度左右冲泡，且一冲一饮，汤色红亮清明；香为花香，芬芳扑鼻；味浓而爽。若加牛奶、糖成调饮红茶，为英式下午茶之佳品。

　　相比较而言，英德红茶中的红条茶宜以工夫红茶的方法冲泡，作为单品茶品饮，红碎茶宜以袋泡茶品饮，或作为调饮茶中的主体茶闷泡、浸泡或煮泡后出汤，加其他辅料，如牛奶、糖、蜂蜜等品饮。以一茶让饮者各得其好，也是英德红茶的一大特色吧！

茶语

各取所需，各得所好。

# 正山堂·古丈红

正山堂·古丈红产于湖南省湘西土家族苗族自治州古丈县,以当地种植的小叶种茶树之嫩芽叶为原料,由正山堂茶业开发、研制,并以骏眉红茶制作工艺在古丈县制作、生产,为古丈县特产,也是湖南省名茶。因种植、制作、生产均在古丈县,且为红茶,由正山堂茶业出品,故冠以地名和公司名,并取"红茶"之"红"字,区别于古丈县传统古法制作的红茶,命名为正山堂·古丈红。

古丈县旧属武陵地区,而武陵产茶、制茶的历史可追溯至东汉,至今已有近 2000 年的历史。至唐时,作为武陵茶的组成部分,古丈茶成为贡品。武陵茶兴盛于明代,但那时以绿茶(古丈毛尖)为主。古丈红茶的发展源于清初销往西藏等边境地区、少数民族聚居区之边销茶数量的不断增长,以黑茶为主,辅以红茶,成为包括古丈县在内的武陵地区主要的输出茶品类。

而在古丈县当地,被称为"古丈红"的传统红茶最古老的制作方法为:将青叶放于穿在身上的衣服口袋中待其萎凋后,用手掌将茶叶搓揉成圆球颗粒,略加烘焙即成。这一制品被称为"药茶丸",主要为药用。这一古老的制茶法至今在古丈地区民间仍有沿用,而"药茶丸"也一直是当地土家族、苗族民众的居家旅行必备良药。

正山堂茶业于 2011 年进入古丈县,在此基础上,利用当地茶叶和茶业资源，以自己特有的金骏眉红茶制作工艺为核心（该工艺后被统一归于骏眉红茶制作工艺），形成正山堂·古丈红制作工艺，开发、研制了正山堂·古丈红红茶，并在当地投入生产。这不仅填补了湘西地区高档红茶的空白，也为当地山区农民脱贫致富打开了一条新路。正山堂·古丈红投入市场后，让人们对湘茶有了耳目一新的感觉，广受省内外茶友的欢迎，成为湖南省的名茶之一。2018年在正山堂茶业推出"骏眉中国"系列红茶时，正山堂·古丈红也名列其中。

正山堂·古丈红以采摘于当地的中小叶种茶树在春季新生的茶芽叶（单芽型茶品）和一芽一叶（一芽一叶型茶品）为原料，以基于骏眉红茶制作工艺的正山堂·古丈红红茶制作工艺制作。与当地的传统古丈红红茶所具有的干茶条索紧细、形若针尖、茶汤醇正清香、微苦而有回甘之特点相比，正山堂·古丈红茶品条索紧细秀丽，色泽乌润，上覆金色茸毫，金毫中时有乌润光泽闪动；花香芬芳，夹着丝丝缕缕的山野清晨带着露珠的青草的清香和清爽。以100摄氏度的沸水冲泡，且一冲一饮，其茶汤为金黄色，有莹莹金圈，透明亮澈，有一种五月端阳时的明朗欢快；香以暮春花朵的芬芳为主香，夹着缀有晨露的山间野草的清新之气，整个茶香呈现出一种如"天仙妹妹"般的清纯和清丽；味润滑爽纯，茶鲜味明显，无涩味，入口即甜，鲜滑爽甜的特点十分突出；茶底为古铜色，软嫩亮润。

正山堂·古丈红就如朗春三月在湘西参加苗族的三月三节，艳阳高照，山明水秀，一路欢歌笑语，一路明快明艳，身穿节日盛装的苗族女儿清纯的笑容在眼前闪过，苗家汉子威武而古老的出征歌在远方山林中响起……

茶语

欢歌笑语。

# 正山堂·蒙山红

正山堂·蒙山红产于四川省雅安市，以当地原生态茶树的新生幼芽嫩叶为原料，由正山堂茶业以骏眉红茶制作工艺开发、研制，并在当地生产，为高档红茶茶品。因茶源地和生产地均在雅安市的蒙山，且为正山堂茶业所产之红茶，故被命名为正山堂·蒙山红。

雅安市有悠久的产茶、制茶历史，蒙山茶一直被视为茶中佳品，而蒙顶山上所产之茶——蒙顶山茶更是作为茶中极品，以"扬子江中水，蒙顶山上茶"的民谚流传至今。2013年，正山堂茶业进入雅安市后，在当地的茶叶和茶业资源基础上，以当地高山上生长的老川茶和名山川茶茶树当年新生的幼芽嫩叶为原料，运用传承400余年、以正山堂正山小种红茶制作工艺为核心的正山堂金骏眉红茶制作工艺，并进一步结合当地茶源特征

形成正山堂·蒙山红红茶制作工艺（这一工艺后被统一归于骏眉红茶制作工艺），研制成功正山堂·蒙山红红茶，这不仅填补了当地红茶的空白，也为川茶增添了一位"新贵"。正山堂·蒙山红面市后，其独特的茶韵深受茶人的欢迎，好评多多。在2018年，在正山堂茶业推出的"骏眉中国"系列红茶时，正山堂·蒙山红名列其中。

正山堂·蒙山红以春季新生的茶芽（单芽型茶品）和一芽一叶（一芽一叶型茶品）为原料，以正山堂·蒙山红制作工艺制作。其干茶条索挺秀紧致，有锋苗，茸毫明显，较"骏眉中国"系列红茶中其他茶品，干茶重量大且茶形结实；色乌黑润亮；深山的花香混合着平原的熟果香，馥郁芬芳。以100摄氏度的沸水冲泡正山堂·蒙山红，茶汤色为橙红色，黄中隐红，红以衬黄，汤面金色涟漪成圈。茶汤清澈明亮，如在密林中穿行的夕阳；汤香始终是芬芳的花果香，有丝丝缕缕的高山野草的清香伴随，使得这花果香的芬芳少了几许艳丽，多了几许清新，雅致而宜人；汤味醇滑鲜爽，柔甜清绵，无涩味，蒙山茶特有的鲜活也跳跃在正山堂·蒙山红的每道茶汤中，变幻无穷；茶底为古铜色，叶片匀齐鲜嫩。

品正山堂·蒙山红，会进入一种秋果笑对春花，夕阳笑对朝阳的茶境：春花虽美，然秋果丰硕亦喜人；朝阳虽盛，但夕阳映红晚霞也是一道美景。尽赏老年美，尽享老年乐，这当是正山堂·蒙山红的茶韵所透露的茶意吧！

茶语

尽赏老年美，尽享老年乐。

# 正山堂·普安红

　　正山堂·普安红产于贵州省黔西南州普安县，以当地种植的大叶种茶树之嫩芽为原料，由正山堂茶业开发、研制，并以骏眉红茶制作工艺在普安县制作、生产，为普安县特产，也是贵州省名茶。因种植、生产、制作均在普安县，且为红茶，由正山堂茶业出品，故冠以地名和公司名，取红茶之"红"字，称其为正山堂·普安红。

　　普安县被专家称为"中国古茶树之乡"，因在此地，发现了2万余株世界上最古老的茶树——四球古茶树。而当地的布依族妇女在距今600多年前的明代，就用特殊的工艺加工茶叶，以自用和飨宾客。这一古老的茶品被称为"福娘茶"。"福娘"即有福气的阿娘（布依族人对年长妇女的尊称），"福娘茶"就是有福气的阿娘所制作的茶。在20世纪80年代引进云南的大叶种茶树后，以大叶种茶树之茶青叶为原料，普安县开始制作红茶，并有了名为"福娘红茶"的茶品。2016年，正山堂茶业进入普安县，在当地原有的茶叶和茶业资源的基础上，以正山堂·普安红的开发、研制、生产为重点开展扶贫工作。正山堂·普安红的研制成功和投入生产不仅使贵州省有了高档的黔红茶茶品，更为当地农民增加了一条脱贫致富之路，而普安红特有的黔红味，也使其大受省内外茶人的好评。在2018年正山堂茶业推出的"骏眉中国"系列红茶时，普安红名列其中。

正山堂·普安红以种植在普安县当地的云南大叶种茶树之春季新生的幼芽（单芽型茶品）和一芽一叶（一芽一叶型茶品）为原料，运用以传承400多年的正山堂正山小种红茶制作工艺为基础发展而来的正山堂金骏眉制作工艺，并根据当地茶源特征形成正山堂·普安红制作工艺（该工艺后被统一归于骏眉红茶制作工艺）进行制作，其干茶条索紧致秀丽，色泽乌润，金色的茸毫明显，乌上披金，金中闪乌；香气馥郁，沁人的夏果甜香中不时有春花的清香飘浮。用100摄氏度的沸水冲泡正山堂·普安红，且一冲一饮，汤色金黄中有微红闪烁，明亮透彻，随着茶盏的晃动，金色的涟漪在汤面时现时隐；香味以夏果甜香为主，尾香是春日的花香，且夏果春花的香气中不时跃出大树的木质香，于是，整个茶香变得馥郁清新而又醇厚，如入神话中的花果山秘境中；汤润滑，茶鲜盈舌，入口即甜，香融于汤，可谓香滑、甜润、鲜爽，怡心怡神；茶底为红铜色，鲜嫩、明亮、匀净。

普安县传统的布依族民间茶为"福娘茶"；以"福娘茶"为基础，有了"福娘红茶"。正山堂·普安红由来自福建省的茶业公司开发、研制，并在普安县当地生产，品饮普安红可谓是因"福"相遇，得双"福"同享。一盏普安红入口，不免有一种幸福感油然而生……

茶语　　有福相伴。

# 正山小种

　　正山小种产于福建省南平市武夷山市。正山小种既是茶树品种，又是以正山小种之青叶制作的茶品的名称。正山小种茶品发源地在武夷山市的桐木关。目前，以桐木关为核心的武夷山自然保护区也是正山小种茶品的主产地。为了与其他小种茶树及后起的红茶制品相区别，武夷山自然保护区内的小种茶树及其红茶制品被命名为正山小种——以正宗的山场（种植地）种植的正宗的小叶种茶树的青叶为原料，用当地红茶传统制作工艺制作的红茶茶品。

　　桐木关是中国红茶的发源地，正山小种红茶是中国红茶乃至印度红茶、斯里兰卡红茶、肯尼亚红茶等国外红茶的鼻祖。正山小种自问世以来一直广受国内外茶人欢迎，盛名远扬，不仅是中国红茶的传统经典之作，也一直受到英国皇室的青睐。美国独立战争爆发的导火索——波士顿倾茶事件中所倾倒的茶，据说就是来自中国武夷山市桐木关的正山小种红茶，而正是英国人偷窃正山小种茶茶籽，拐骗桐木关茶农至印度种茶、制茶，成了印度红茶的发端。可以说，无论在茶史之类的专门史中，还是在经济史、社会史、政治史之类的类别史中，乃至在中国史、世界史之类的通史中，正山小种红茶都是占据独特的地位的。

在我所品饮过的正山小种茶品中，印象最深的是正山堂茶业所生产的正山小种（原产地）红茶。正山小种（原产地）红茶可谓是正山堂茶业的传统拳头产品和基础性产品。以此为基础，近十几年来，正山堂茶业创制成功了正山小种野茶、金骏眉、妃子笑等诸多广受好评的创新茶品，而其中的正山堂·金骏眉更是成为中国现代红茶的代表作，是红茶中的"新贵"。

正山堂的正山小种（原产地）茶品以产于以桐木关为核心的武夷山自然保护区内的正山小种茶树之当年新生的嫩叶为原料，以正山堂茶业的江氏家族传承400余年的传统红茶制作工艺制作。其干茶条索紧实肥壮；色泽乌黑润亮；干桂圆香馥郁，隐有山野清晨的花草的清香。以沸水冲泡，且一冲一饮，茶汤色如琥珀，橙红亮丽，如阳光灿烂；香以干桂圆香和松烟香为主，香气饱满悠长，层次分明；味醇厚滑润，入口即甜，与茶香融合成一体，形成汤中有香、香中带甜的口感；茶底褐红润泽，叶片秀雅匀齐。

品正山堂之正山小种（原产地）红茶，如观中国历史，有辉煌，有苦难；有悲壮，有欢欣；有彷徨，有奋进……一盏茶在手，认知中国史。

正山小种（原产地）红茶为传统红茶，适合一冲一饮的清饮，也适合加糖、蜂蜜等的调饮，饮用方法多样。而正如江元勋先生所说，正山堂所产之红茶，若以100摄氏度的沸水冲泡，更能得美色、妙香、佳味。正山堂之正山小种（原产地）茶品亦是如此。

茶语

以茶知史。

# 政和工夫茶

政和工夫茶产于福建省福鼎市政和县，以当地大叶种茶树和小叶群体种茶树之嫩芽叶为原料制成，为政和县特产，也是福建省名茶和中国历史名茶。因主产地在政和县，宜用一冲一饮之工夫茶泡茶饮茶法冲泡品饮，故被称为政和工夫茶。

政和县的产茶、制茶史可追溯至1000多年前的唐代，政和白茶曾作为生晒制作的"南路白茶"，与烘焙制作的"北路白茶"（福鼎白茶）一起，闻名海内外。至清代，以大叶种的福鼎大白茶、福鼎大白毫以及小叶种的嫩芽叶为原料，茶农和茶商又创制了政和工夫红茶，使政和县成为绿茶、白茶、红茶等佳茶迭出之地。政和工夫红茶上市后，颇受茶客欢迎，后与白琳工夫茶、坦洋工夫茶一起，被称为"闽红三大工夫红茶"。

政和工夫茶以当地大叶种茶树之嫩芽叶和小叶群体种茶树之嫩芽叶为原料，用传统工艺制作。从我所品饮过的政和工夫红茶看，政和工夫茶可分为3类。一为以福鼎大白茶、福鼎大白毫之嫩芽叶为原料制成。其干茶条索紧致，肥壮厚实，色乌黑油润，金毫披覆，花香宜人。以100摄氏度沸水冷却至95摄氏度冲泡，且一冲一饮，汤色橙红，汤面有金光闪耀；香似秋兰之香，芬芳而清新，其中又隐隐飘着粽箬之清香；味清爽柔顺，茶鲜味明显；茶底褐中隐绿，叶片匀齐洁净。据说，以当地大叶种茶青叶制作的政和工夫红茶，当地人称为"大茶"。我品饮"大茶"，一种偷得浮生半日闲，白云生处涤凡尘之感慢慢升起，释家所谓"以茶洗心"当是如此。

二为以当地小叶群体种之嫩芽为原料制成。其干茶条索纤秀紧致，色褐红亮润，金毫披覆；花香柔美，有果香飘浮其间。以100摄氏度沸水冷却至90摄氏度左右冲泡，且一冲一饮，茶汤色棕红，汤面金色涟漪不断，给人一种华美之感；香似兰花，夹着荔枝的甜香；味柔和润顺，入口即甜；茶底秀丽匀整。据说，有当地人将小叶群体种青叶制成的政和工夫茶称为"小茶"。与"大茶"之茶感相比较，"小茶"给人一种世俗的安逸与美好。所谓不忍离得人间去，当是红尘多享乐，当是如此。

三为以当地大叶种茶树的嫩芽叶为主，适当拼配当地小叶种茶树之嫩叶为辅制成。其干茶为条索状，色乌红光亮，香柔而芬芳。以100摄氏度沸水冷却至95摄氏度冲泡，且一冲一饮，汤为红棕色，亮丽清澈，汤面金光闪烁；香似秋兰，隐有藿香和薄荷的清香穿行而过；味醇和润顺，茶叶特有的茶鲜味和茶甜味融合在一起，形成特有的鲜甜之味；茶底匀亮洁整。品由"大茶""小茶"拼配成的政和工夫茶，会有一种"观看"之感，观物观景，观人观己，观社会观人生：我在桥头观风景，人在楼上观桥头的我。"他者"还是"自我"，"主体"还是"客体"，我不由得思绪万千……

政和县产好茶，但不知为何，政和茶业发展缓慢。据说，盛名远扬的福鼎白茶中的不少原料就来自政和县，但政和白茶已难以与福鼎白茶并驾齐驱，而同为福建省名茶的桐木关红茶一路高歌猛进，政和红茶的知名度却不断缩减。甚是惜哉！期待政和茶的复兴！

茶语　深闺。

黄茶

霍
山
黄
芽

　　霍山黄芽产于安徽省六安市霍山县，以当地绿茶茶树之青叶为原料，以黄茶制作工艺加工而成，为霍山县特产，也是安徽省名茶和中国传统名茶。

　　霍山黄芽属中国黄茶三大品类（黄芽茶、黄小茶、黄大茶）中的黄芽茶，历史悠久，在明代即为上贡皇室与朝廷的贡茶。其以清明至谷雨前新生并初展的一芽一叶、一芽二叶嫩芽叶为原料，以霍山黄芽制作工艺制作。其干茶条索挺直微展，黄绿披毫，嫩茶香中透着春花的芬芳。以100摄氏度沸水冷却至90摄氏度冲泡，汤色嫩绿浅黄，明亮清澈，如一池春水明媚动人；汤香清雅，嫩茶香中萦绕着春花和春草的清新，雅丽宜人；汤味醇滑柔润，茶叶特有的鲜味与甜味融合在一起，回味醇柔鲜甘；茶底微黄明亮，匀洁柔美。

品霍山黄芽常令我想起柔润甜美的安徽黄梅戏，让我进入黄梅戏的场景中，耳边响起那首脍炙人口的《夫妻双双把家还》……于是，柔美的茶色、雅丽的茶香、鲜甜柔润的汤味便相融于心，化作了一台黄梅戏名剧《天仙配》……

# 君 山 银 针

　　君山银针产于湖南省岳阳市，以当地绿茶当年新生的幼芽单芽为原料制成，为岳阳市特产，也是湖南省名茶和中国传统名茶。因主产地在岳阳市西洞庭湖中的君山岛，茶品细似针，外裹银色茶茸，故被称为君山银针。

　　君山银针在唐代极负盛名，于清代中叶被定为贡茶，一直是茶人们口口相传、著文写诗夸赞的佳茗，是中国黄茶的一大代表性茶品。

　　君山银针为中国黄茶三大品类（黄芽茶、黄小茶、黄大茶）之黄芽茶中的上品。其以清明前后 7—10 天内初展的茶芽单芽为原料，与一般黄茶直接渥堆不同，其用包堆（用纸将杀青后的茶芽包扎后进行渥堆）的方式进行加工，从而具有了独特的色、香、味，也形成了别具一格的茶韵。

　　君山银针的干茶为扁圆条状，细如针；从紧裹的白毫茸间，可见黄色的茶芽，芽尖呈黄色，取出一叶观之，如一枚工艺精良的白玉镶金小簪；

茶香似春花，夹着春草的清新。置茶于玻璃杯中，将100摄氏度沸水冷却至90摄氏度左右冲泡，可见茶茸展开，黄芽舒放，杯中刹那间如有无数鸟飞舞，欢快地穿行在天地之间。然后，鸟儿停飞，化作黄竹，亭亭玉立。茶汤鲜黄，如一轮初升的明月，平静地挂在湖中弯弯曲曲的小桥边上；汤香是春花加春草的清香，不时有春茶特有的鲜香穿透而出，使清雅的花草香多了一重茶鲜之香，似让不食人间烟火的仙子多了一点世俗的柴米油盐之气；茶味爽滑柔润，绵软甘醇，茶鲜味明显，形成一种爽柔、滑鲜、润甘的茶味；茶底芽头肥壮，色泽金黄，匀净雅丽。

岳阳市西洞庭湖中的君山岛是董永与七仙女之神话传说发生地，作为凡夫俗子的董永与作为天上仙子的七仙女结为夫妇，是中国古典爱情故事的代表作之一。也许，这个传说反映了平凡男子对与高高在上的贵族少女成婚，并使其成为贤妻的美好梦想吧！或许也正因如此，君山银针才有了这仙中有俗、俗中飘仙的茶韵。

茶语

人间仙缘。

# 蒙顶黄芽

　　蒙顶黄芽产于四川省雅安市，以当地绿茶茶树之幼芽为原料制成，为雅安市特产，也是四川省名茶和中国传统名茶。因主产地为雅安市的蒙顶山，故被称为蒙顶黄芽。

　　蒙顶山是中国最古老的产茶区之一，蒙顶茶素负盛名，而其中的黄茶据说始于西汉，并从唐代开始至清代，一直被列为贡茶，也深受文人墨客、豪门贵族的喜爱，被认为是茶中珍品。

　　作为中国黄茶三大品类（黄芽茶、黄小茶、黄大茶）中的黄芽茶，蒙顶黄芽以春分前后当地绿茶茶树新生的单芽和一芽一叶初展之青叶的芽头为原料，以蒙顶黄芽制作工艺制作。而蒙顶黄芽制作工艺中与其他黄芽茶制作工艺的一大不同之处是，其包括初包和复包在内的包黄工艺——用稻草制作的草纸将新鲜青叶包裹（初包）后进行渥堆和将杀青、初炒后的初制茶包裹（复包）后进行渥堆，从而形成蒙顶黄芽特有的色、香、味。

蒙顶黄芽的干茶为芽条状，外形扁平挺直，色泽嫩黄，茸毫显露；香为山野春花的清新之香，幽且悠长。以100摄氏度沸水冷却至90摄氏度左右冲泡，叶片在长筒玻璃杯中如礼花绽放，然后，如黄莺穿行在春的绿意之中；茶汤色嫩黄淡绿，黄亮绿明；汤香如空谷花香，一缕芬芳直入心脾，清芬绵长；汤味醇滑鲜爽，茶甜味融入其中，一茶入口，醇甜、爽甜、鲜甜在口中回旋，余味无穷；茶底嫩黄秀雅，匀齐洁亮。

蒙顶黄芽有一种纯粹的中国风格，给人以中国文人画之春意图的唯美意境。十几年前，因科研工作需要，我经常出境参会访学。一次机缘巧合，在朋友宴请时喝到了一泡蒙顶黄芽，观色，闻香，品味，一下子让身在境外的我如同回到家乡，尽管我生在江南，长在江南，而蒙顶黄芽为川茶。从此，在我心中，那深刻的乡愁便与蒙顶黄芽联结在了一起。

茶语　　有你的地方就是家乡。

莫
干
黄
芽

莫干黄芽有两类茶品，一为绿茶类，一为黄茶类，均产于浙江省湖州市德清县，为德清县特产，均以绿茶茶树青叶的芽叶制成。因其所属品种茶树所产青叶的茅叶为黄色，故名黄芽；又因其主产地为莫干山（今属德清县），故以地名冠之，称"莫干黄芽"。

莫干黄芽的传统茶品为黄茶，莫干黄芽（黄茶）也是浙江省名茶和中国传统名茶。30余年来，莫干黄芽（黄茶）经历了因绿茶被炒作价格暴涨而衰落，到因养生保健功能被进一步认知和喝茶人需求的多样化而复兴，并进一步发展之过程，黄茶类莫干黄芽被更多的人认识，被更多的人喜爱，进入了重振辉煌的进程。如今，包括黄茶类和绿茶类在内的莫干黄芽茶品，已成为国家级农产品地理标志登记保护产品。

就总体而言，黄茶类茶品的茶青原料与绿茶类茶品相同，均来自绿茶茶树，所不同的只是黄茶制作过程中多了一道加温闷黄（渥堆）的工序，由此，形成了与绿茶不同的另一类茶品——黄茶。莫干黄芽亦是如此。与绿茶制作工艺的不同，使得黄茶类莫干黄芽有了与绿茶类莫干黄芽不同的色、香、味，乃至茶韵和茶之意境。独特的"边烘边闷、固质挥香"的黄茶制作工艺，加上特有的自然生长环境又使得黄茶类莫干黄芽具有了与其他黄茶类茶品不同的茶香与茶味，并形成不同的茶韵和茶之意境。

黄茶类莫干黄芽的干茶条索细紧，芽尖处略弯曲，色嫩黄，有白毫显露，观之，如身着鹅黄色衣衫的清灵少女，披一袭薄纱，向着来人含羞低首问安；香为柔和的茶香，夹着暮春花草的馨香，芬芳而不喧闹。以100摄氏度沸水冷却至90摄氏度左右冲泡，茶汤色是黄茶中的黄芽茶典型的"黄汤"，但较之单纯闷黄的黄茶常见的嫩黄汤色，其色更深一些，且随着茶汤的晃动，汤面金黄闪动，给人一种皇家之尊贵感；汤香以黄茶特有的柔香为主调，清新而柔和，相伴随的是暮春山林中的花草的芬芳和竹叶的清香，温雅而柔美；汤味滑爽，甜味悠长，茶鲜饱满，隐隐有夏季所出的鞭笋的嫩鲜味穿行其中，让人感到新奇；茶底芽叶均匀整齐，柔黄明亮。品饮黄茶类莫干黄芽，如在江南四月微雨的杭州西湖边，偶遇梦中的江南少女，知书明礼，善解人意，聪慧可爱，温情柔美。相见甚喜，相谈甚欢，心意相投，相交成知己。

茶语

相见喜，相谈欢，相交成知己。

平阳黄汤产于浙江省温州市平阳县，以当地绿茶茶树之幼芽嫩叶为原料制成，为温州市特产，也是浙江省名茶和中国历史名茶。因茶品汤色杏黄，故名平阳黄汤；又因平阳县属温州市，也被称为温州黄汤。

平阳县有悠久的产茶史，黄茶创制于清代初叶，至清中叶被列为贡品，曾在国内盛名远扬。但在 20 世纪 30 年代日寇侵华后，黄茶生产跌入低谷，几近绝迹，直至 20 世纪 80 年代才恢复传统工艺生产，进而逐步走上复兴之路。

作为中国黄茶三大品类（黄芽茶、黄小茶、黄大茶）中黄小茶的一大代表性茶品，平阳黄汤"三闷三烘"的传统制作工艺使之有别于其他黄茶茶品，让其具有独特的"三黄"即干茶浅黄、汤色杏黄、茶底嫩黄之特征。平阳黄汤以采摘于清明前的一芽一叶、一芽二叶初展之青叶为原料，其干茶条索细紧纤秀，浅绿嫩黄，白毫显现；香为柔柔的春花香，有春草的清香相伴。以 100 摄氏度沸水冷却至 90 摄氏度左右冲泡，汤色杏黄，清澈明亮；

汤香为春野之花香，有藿香浮动，给人一种清新清雅之感；汤味醇和爽滑，茶鲜明显，茶甘润泽，鲜、爽、醇、甘、滑融为一体，令人回味无穷；茶底嫩黄，叶片匀净秀丽。

平阳黄汤给人一种山野中美娇娘的感觉，娇艳美丽，柔顺中又带着一点山野赋予的不羁，品着，品着，就与一位俏生生的山野美娇娘相遇了。

茶语　山野美娇娘。

# 皖西黄大茶

皖西黄大茶主产地在安徽省六安市的霍山县、金寨县及安庆市岳西县一带，以当地绿茶茶树之幼叶嫩茎为原料制作，是安徽省名茶和中国传统茶品。因主产区位于安徽省西部，安徽省简称"皖"，且其茶品原料叶大茎壮，故名皖西黄大茶。

作为中国黄茶三大品类（黄芽茶、黄小茶、黄大茶）中黄大茶的一大代表性茶品，皖西黄大茶在明代就颇负盛名，源远流长。皖西黄大茶以当地绿茶茶树当年新生的一芽三四叶或一芽五六叶及相连的嫩茎（梗）为原料，加工工艺与其他黄茶品类加工工艺的一大不同之处是，其用高火炒制至茶叶外观呈枯黄色，有焦香，进而形成独特的茶之色、香、味。

皖西黄大茶的干茶为条索状，茎壮叶大，茎叶相连成鱼钩形，色泽褐色带金黄，佳者油润有光；茶焦香浓郁。以100摄氏度沸水冷却至95摄氏度左右冲泡，茶汤色深黄偏褐；汤香为茶焦香，有绿茶的清香忽隐忽现；汤味浓厚醇和；茶底黄褐洁净。茶形大枝大叶、焦香浓郁、汤色深而汤味浓之特征使得皖西黄大茶在以柔和娇美著称的中国黄茶中独树一帜，给人一种啸聚山林、劫富济贫的绿林好汉的感觉，而民谚也由此夸张地将其形容为"古铜色，高火香，叶大能包盐，梗长能撑船"。

茶语

绿林好汉。

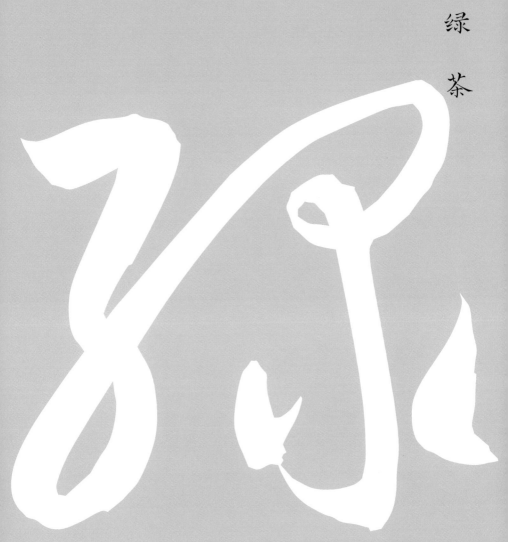

绿

茶

安 吉 白 茶

安吉白茶主产于浙江省湖州市安吉县，为安吉县特产，也是浙江省名茶和中国传统名茶。其嫩青叶的表面如覆盖着一层浓密的白毫，又曾失传，后于清代在浙江省安吉县被发现，获得栽培和大面积种植，故被冠以"安吉白茶"之名。

安吉白茶的干茶一般呈两叶一芽的凤翅形或一芽一叶的旗枪形，扁平状，色嫩绿微黄；也有如汤圆似的圆形紧致茶，但较少见，且茶色为深绿色。近年来，安吉白茶中出现了一种变异种，其干茶色泽为黄色，汤香更趋嫩草香，汤味中茶鲜味更明显，被冠以"黄金芽"之名。

安吉白茶之茶饮以产地为安吉县（种植与制作均在安吉县）的最具安吉白茶之特征。其汤色如江南春湖漾波，汤香是春雨中的嫩草和新花之香，有时还会飘过一阵春笋的清香；汤味柔爽润顺，在江南绿茶春茶特有的茶鲜中，可品到春笋的鲜味融于其中。喝一盏安吉白茶，如在江南三月的细雨微风中，穿行于竹海的新篁嫩竹之中，这是一种不同于其他绿茶的茶韵和茶境。

安吉白茶宜将 100 摄氏度沸水冷却至 90—95 摄氏度冲泡，若以工夫茶之一冲一饮之法饮之，更能得其美色、妙香和佳味。

安吉白茶被称为"白茶"，但实实在在是绿茶。而正是在这"非白非绿""又白又绿"的"跨界"中，它成为一枝独秀的茶品。

<br>

茶语　以跨界的身份成为自己，成就自己。

# 巴 南 银 针

　　巴南银针产于重庆市巴南山区，以绿茶茶树之青叶加工制成，为巴南特产，也是重庆市名茶。

　　巴南银针青叶采摘于清明节前，为一芽一叶。其干茶紧致秀直如针，上覆密密的银白色毫毛，故名巴南银针。以 100 摄氏度沸水冷却至 90—95 摄氏度冲泡，茶汤色泽为嫩绿色，清澈明亮；汤香为清新的春天花香，馥郁而悠长；汤味醇滑，微涩而回甘持久；茶底匀整，绿中微黄。

品饮巴南银针，如进入初春的山坡森林之中，春光明媚，绿意盎然，花草香悠悠。

重庆为古时巴国所在地，产茶历史悠长，也是主要的原始产茶地之一，陆羽《茶经》中就说该地长有两人合抱之大茶树。在此基础上，制茶人于20世纪80年代创制了巴南银针这一新茶品，其经不断改进，终成一款名茶。

茶语

春天是一杯茶。一茶在手，春天就开放在心中。

# 白 沙 绿 茶

　　白沙绿茶产于海南省白沙黎族自治县境内的白沙农场，以绿茶茶树青叶制成，为白沙特产，也是海南省名茶。

　　白沙农场境内有一个形成于约 70 万年前的小行星陨石坑。该陨石坑直径约 3.7 千米，由小行星坠落此处撞击而成，是国内目前认定的较年轻的陨石坑，也是全世界仅有的十几个伴有陨石碎块的陨石坑之一。白沙绿茶的茶树分布在白沙陨石坑内外，独特的土壤成分，加上适宜的气候环境，造就了白沙绿茶的独特性和稀缺性。

　　白沙的黎族人素有种茶、制茶、饮茶的历史传统。国营白沙农场自 20 世纪 50 年代建立后，也以绿茶的种植和制作为主要产业之一。白沙绿茶的

茶源最初以本地绿茶茶树之青叶为主，后来从云南、福建引进了优质良种，白沙绿茶的品质有了较大的提升。经过几十年的努力，如今的白沙绿茶已成为海南名茶之一，获得诸多茶人的喜爱。

白沙绿茶的干茶外形条索紧结细直、匀整；色泽绿润，有光泽；茶香芬芳。以100摄氏度沸水冷却至90—95摄氏度冲泡，汤色黄绿明亮，香气清新持久，汤味醇厚浓爽，饮后回甘留芳。茶底明绿，润泽匀整。

茶语

以天助之力，得天助之利。

# 白云禅茶

白云禅茶产于浙江省杭州市西湖区上天竺法喜寺后面的白云山上，为法喜寺特制的庙茶，故名白云禅茶。

白云禅茶以种植在白云山上的龙井茶树的青叶制成。春茶以采摘于谷雨前的幼芽嫩叶为原料，干茶为青绿色，扁平条状，呈一芽一叶或一芽两叶，有青草香夹着春天山野的清新之香。以100摄氏度沸水冷却至90—95摄氏度冲泡，白云禅茶茶汤为浅绿色；汤香以新嫩的春草香为主调，夹着些许初春新绽山花的清香；汤味润滑柔鲜，略带炒黄豆香，香与汤相融，有一种圆融之感；茶底嫩绿，润柔，秀雅。静心凝神，在梵音中啜饮一盏白云禅茶，心中会有一种禅意油然而生。

白云山之茶宋代即有，法喜寺的第三代住持辩才高僧经常与当时著名的文人，如苏东坡、秦少游等一起品饮寺庙所制白云茶。后，辩才法师因年事已高，从法喜寺退位，迁居至广福寺寿生堂，迁居时，将白云茶移种到了狮峰山，相邻的龙井山一带才有了茶叶的种植和茶品的制作。随着民间的推广和各代文人的称颂，加上清代乾隆皇帝的赞赏，龙井茶成为中国一大名茶。而白云茶则始终只是庙茶，甚至几近失传。直到近年才被重新开发，被赋予了"白云禅茶"的新名称，但仍只是庙茶，主要用于非营利性的公益事业、慈善事业，部分与有缘之人共享。

据闻，白云禅茶的青叶来自白云山的龙井群体种（俗称老龙井）茶树。故而，与时下常见的以选育种茶树青叶制作的西湖龙井茶相比，白云禅茶汤的色更绿，香更郁而清新，味更润厚，汤中的黄豆香更为明显。而事实上，龙井茶由白云茶移种而成，因此，从某种角度讲，白云茶是龙井茶的祖先，白云禅茶与西湖龙井同族同脉。

茶语

做事敢为人先，名利甘为人后。

# 宝华玉笋

　　宝华玉笋产于江苏省镇江市句容市，以绿茶茶树之初展嫩芽为原料所制，为句容市特产，也是江苏省名茶。因其主产地在句容市的宝华山国家森林公园内，茶青色淡黄，如笋尖状，故名宝华玉笋。

　　宝华玉笋的鲜叶为采自清明至谷雨间初展的茶树单个笋尖状嫩芽，嫩

芽色黄多毫。制成茶品后的宝华玉笋之干茶条索挺秀紧致，色嫩黄浅绿，茶毫明显，江南春茶特有的清新鲜爽之香扑面而来。以100摄氏度沸水冷却至85摄氏度左右冲泡，长筒玻璃杯中嫩芽上下翻飞，如舞者在舞台上尽情欢舞，然后缓缓下沉，在杯底凝成一片江南春天的竹林。宝华玉笋的汤色为浅绿色，清澈明亮；汤香为江南春茶特有的清新之香加明显的茶鲜之香，形成绿茶中少见的清鲜之香，香味馥郁且悠长；汤味醇滑，茶鲜味明显而爽口，可谓醇滑鲜爽；茶底嫩绿纤秀，匀齐洁净。

品宝华玉笋，整个人沉浸于爽爽的鲜与鲜鲜的爽之中，惬意无限，其茶感可用"鲜爽"两字论之。

茶语

生命的惬意。

碧

口

龙

井

碧口龙井产于甘肃省文县碧口镇，以绿茶茶树青叶制成，为甘肃省特产茶。

碧口镇旧时属巴蜀地区，自清代道光年间就开始种茶，至今已有 200 多年的历史，当地仍留有具有 100 多年树龄的老茶树。

碧口龙井以细嫩芽叶为原料，因采用西湖龙井的制作工艺制作，又产于碧口，故称碧口龙井。碧口龙井用手工制作，干茶外形扁平，色泽翠绿，有绿茶特有的清香。用 100 摄氏度沸水冷却至 90—95 摄氏度冲泡，汤色嫩绿微黄，汤香是绿茶的清香夹着初春野花的馨香和雨后森林中大树的木香，随着沸水的冲入扑面而来，清爽而芬芳；汤味醇而厚，浓而爽滑。用白瓷茶碗置茶，一道水一品饮。随着热水的注入，可见缕缕绿液从茶叶中渗出，又随着水的波动弥散开来，在一次又一次的冲泡中，泗成一幅幅奇妙的蕴含中国传统人文意境的水墨画，赏心悦目。

碧口龙井十分耐泡，以盖碗一道水一饮，5克茶可冲饮 10 道左右。

茶语　　奔放的柔情。

碧
螺
春

　　碧螺春产于江苏省苏州市太湖上的洞庭山，是用绿茶茶树在春天初生的嫩芽，以特殊工艺制成的螺髻状茶品，唐代就被列为贡品，至今已有1000多年的历史，为苏州市特产，也是江苏省名茶和中国传统名茶。

　　碧螺春以当地茶树在春分节气前后至谷雨节气期间所生长的嫩芽制成，优质的碧螺春每斤（500克）干茶需用6—7万个嫩芽。碧螺春干茶条索紧致，卷曲成螺髻状，白毫明显，银绿隐翠。因其色碧，状如螺，产于春季，故文人为之取名碧螺春。

　　与一般绿茶的种植方法不同，碧螺春大多与果树夹种，果香渗入茶香之中。故而，碧螺春有一种与众不同的茶香，果香充盈，清香宜人。

　　将100摄氏度沸水冷却至80摄氏度左右冲泡洞庭碧螺春，可见茶叶叶片缓缓展开，上下翻飞，如白云在绿地上空舒展飞舞；汤色嫩绿清澈，雅致的茶香扑面而来，茶味鲜爽，回甘生津，有清甜味；茶底幼嫩润绿，雅丽可人。

因香气充盈宜人，该茶曾被洞庭山茶农命名为"吓煞人格香"。"吓煞人格香"为吴语，普通话意为"香到让人大吃一惊"。据说到了清朝，乾隆皇帝喝了此茶大加赞赏，文人认为此茶名不雅，故改为更文雅的"碧螺春"，并沿用至今。

　　除了冲泡外，碧螺春的另一种泡法可称为投泡。即将100摄氏度沸水冷却至85摄氏度左右后，投入适量的干茶成茶汤。此类泡法可减少热水对嫩叶的熟化，使得汤香更为清新雅致，汤味的鲜爽度更高，茶之香与味也更悠长。但这只是与同为一次性泡茶法的冲泡相比，若以一冲一饮之工夫茶方法冲泡，则更能得碧螺春之妙香佳味。

　　需多说几句的是，近年来，因太湖洞庭山碧螺春的盛名，不少地方出现了形如碧螺春并以"碧螺春"命名的茶品，据说，碧螺春已成为一种茶品外形的通用名称。我认为，且不论茶品质量如何，碧螺春的原产地在太湖洞庭山，太湖洞庭山所产碧螺春当为正宗。而就我个人的经验而言，在我所喝过的名为碧螺春的茶品中，无论色、香、味，均以太湖洞庭山所产为最佳。

茶语　　无论是被叫作"吓煞人格香"，还是被称为"碧螺春"，我就是我，我只是我。

# 采 花 毛 尖

　　采花毛尖产于湖北省五峰土家族自治县的采花乡，以绿茶茶树之青叶制成，为五峰特产，也是湖北省名茶。

　　采花毛尖的干茶外形秀丽匀直，白毫显露，色泽绿亮油润，花香馥郁。以 100 摄氏度沸水冷却至 90—95 摄氏度冲泡，汤色青绿明澈；汤香为初秋山野中的花草香，艳丽而持久；汤味醇厚鲜润，微涩有回甘，回甘悠长，厚、鲜、甘是其茶味的一大特色；茶底嫩而色明绿，匀齐洁净。

　　五峰土家族自治县地处长江三峡一带，历史上就产名茶，陆羽《茶经》

中云"峡州山南出好茶"中的峡州，即今之湖北省五峰土家族自治县一带。而在此基础上，采花毛尖自20世纪80年代创制成功以来，后来居上，一路领先，成为产于湖北省的一大名茶。

采花毛尖给人一种厚积薄发、生机勃勃的茶感。饮之，人们也许会产生一股向着光明的未来努力奋斗的力量……

茶语

新人辈出，后来居上。

陈年绿茶

陈年绿茶（又名老绿茶）是存放了 2 年及以上的绿茶陈茶。

随着存放年份的增加，老绿茶干茶色泽由绿黄（3 年左右）转土黄（5年左右），直至褐色（7 年以上）；茶香的清新逐渐消退，绿茶陈茶的清醇香日浓。汤色由黄色（3 年左右）转为棕色（5 年以上），再转为棕褐色（7年以上）；茶汤的香气由略带清香（3 年左右）转为绿茶陈茶的清醇香（5年以上）；茶味随时间增长逐年转醇转厚，涩味与甘甜味均变弱直至无涩无甘。与其他陈茶茶汤都较柔绵润滑相比，老绿茶茶汤或多或少有一定的硬度，入喉有一种滞感，与武夷岩茶茶汤特有的"骨"感相仿。

与绿茶新茶相比，老绿茶的寒性更强，对由内热引发的疾病，如热毒、热疬、痤疮等有一定的治疗功效，但体虚胃寒者慎饮。

按江浙一带的习惯，喝绿茶要喝新茶，隔年的陈茶大多不再饮用。近年来，由于陈茶的药理性和保健性被进一步认知，喝陈茶之风日盛。陈年绿茶作为一种新兴的陈茶茶品，在茶客中，尤其是在爱喝陈茶的茶客中开始流行。

老陈茶，尤其是存放 5 年以上的老绿茶茶味甚浓甚烈，宜以工夫茶的冲饮方法，一冲一饮，茶味及茶之功效方得佳。

茶语　在被重新认知中，走向新生。

大佛龙井产于浙江省绍兴市新昌县，以绿茶茶树之嫩芽为原料，以西湖龙井制作工艺制作，为新昌县特产，也是浙江省名茶。因新昌县以始建于东晋的大佛寺（又称大佛禅寺）闻名，而该茶的核心产区邻近大佛寺，且自20世纪90年代开始，浙江省以西湖龙井茶型为类别，将以西湖龙井制作工艺制作的扁平光滑形绿茶均类型化地称为"龙井茶"，故而该茶被命名为大佛龙井。

新昌有悠久的产茶、制茶历史，在此基础上，大佛龙井于20世纪90年代研制成功。大佛龙井进入市场后，广受茶人好评，如今已成为浙江龙井茶的代表产品之一。

大佛龙井以清明至谷雨前后茶树新生的一芽一叶初展至一芽二叶为原料，其干茶外形扁平光滑，尖削挺直，翠明绿润，江南丘陵地区绿茶春茶特有的清醇香中夹着幽幽的春花的清香。以100摄氏度沸水冷却至85—90摄氏度冲泡，色如春柳嫩叶滴翠，润泽而明亮；香以醇而纯的绿茶春茶的嫩香为主香，有幽幽的春兰香和淡淡的青草香穿行其间；味醇厚滑润，鲜爽味明显，微涩，回甘饱满而悠长；茶底嫩绿成朵，匀齐洁润。

与产于杭州西湖畔的西湖龙井相比，产于绍兴地区丘陵地带的大佛龙井可谓色深、香厚、味浓，具有典型的浙江丘陵地区茶的特征。如果说西湖龙井为一位文质彬彬的女士的话，那么，大佛龙井就如一位孔武有力的山野之民了。当然，就如自东晋开始，经北宋宗室南迁，至明、清，各种战乱、宫变、自然灾害等造成北方人口大量南迁，从而使江南即使在山野之地也不乏文人逸士，村夫村妇也受到文化的熏陶。同样，这大佛龙井虽为山野之民，但也不失文人之风雅。

茶语　以文教之，以文化之，是为文化。

142

# 都 匀 毛 尖

　　都匀毛尖产于贵州省黔南布依族苗族自治州都匀市，以绿茶茶树的青叶制成。因外形纤细卷曲如钩，故又名鱼钩茶，为都匀市特产，也是贵州省名茶。

　　都匀毛尖也是中国传统名茶。18世纪末，就有客商以物易物获取茶后转运广州，再销往海外；1915年在巴拿马万国博览会上，都匀毛尖获得金质奖章。1949年，中华人民共和国成立后，都匀毛尖恢复传统工艺生产。

　　都匀毛尖的树种为苔茶良种，其茶树特点是发芽早，芽叶肥壮，白茸毛多，持嫩性强，内含物质丰富。在此基础上，都匀毛尖有"三绿透黄"

的特征：干茶绿中透黄，茶汤绿中透黄，茶底绿中透黄。

　　都匀毛尖干茶色翠绿微黄，条索纤细紧致，卷曲如钩，山野中的花草香浓郁，上有白色毫毛覆盖。以 100 摄氏度沸水冷却至 90—95 摄氏度冲泡，汤色清澈，如春日之碧湖倒映着岸边刚开放的黄色的迎春花；茶香是春天林中的花草香，花香馥郁，草香清新，林中空气清爽；茶味浓厚，茶鲜明显，入口有涩味，但回甘迅速且悠长；茶底肥嫩、匀整，绿色中有黄光闪闪，如不知名的小黄花在一片春草中跳跃。整泡茶给人一种来自春天的强大冲击力，洋溢着青春的生命力，喝后令人心旷神怡，精神倍增。

茶
语　　春天永驻，青春万岁。

# 恩 施 玉 露

　　恩施玉露产于湖北省恩施土家族苗族自治州，以绿茶茶树的青叶制成。

　　恩施玉露为中国传统蒸青（以蒸制为主要工艺制作的绿茶）名茶，采用一叶一芽或两叶一芽的嫩叶，经蒸制、杀青等工艺制成。其干茶条索紧圆光滑，纤细如松针，挺直秀丽；白毫明显，色泽绿润翠亮如绿玉；暮春的花草香沁人心脾。

　　以100摄氏度沸水冷却至90—95摄氏度冲泡，恩施玉露汤色苍翠润绿，清澈明亮；汤香清雅悠长，似春花盛放；汤味醇厚、润泽、鲜爽，有回甘，形成恩施玉露特有的醇、润、甘、鲜四味合一的茶之味；茶底嫩绿，匀齐润亮。

如用玻璃杯冲泡恩施玉露，第1—2道水，叶片如亭亭玉立的少女翩翩起舞；3道水后，叶片展开伏于杯底，如一片绿茵茵的春草地，其形态赏心悦目。

如绿玉般的茶绿、汤绿、叶底绿之"三绿"被认为是恩施玉露的最大特色，而在这"绿玉"的茶境中，如暮春季节时叶的翠色明丽、花草香的醉人、清泉的醇润，则是恩施玉露特有的茶韵与茶意所在。

日本自唐代引入中国的茶种和制茶工艺后，蒸青一直是其主要的制茶方法，蒸青茶品则是其出产的一种主要茶品。据说，恩施玉露与日本蒸青虽色香味各有特色，但制作工艺却并无太大差异。

茶语 ｜ 以存在证明自己的价值，以价值延续自己的存在。

# 狗牯脑茶

　　狗牯脑茶产于江西省吉安市遂川县，为遂川县特产，也是江西省一大名茶，以绿茶茶树的青叶制成。狗牯脑茶原产地为遂川县的狗牯脑山，故名狗牯脑茶。

　　狗牯脑茶始产于清代中期，距今大约有 200 多年的历史。相传，在嘉庆年间，遂川的一放排工因所放的木排散排，又身无分文，夫妻俩流落到了南京，在四处打工时获得了茶籽。次年，夫妻俩回遂川，在狗牯脑山上定居种茶。由此诞生了狗牯脑茶。1915 年，遂川县茶商李玉山用狗牯脑茶鲜叶制成银叶、雀舌、圆珠 3 款茶，送到在美国旧金山举办的国际博览会

展评，获金质奖章；1930 年，李玉山之孙将此茶改名为玉山茶，在浙赣特产联合展览会展出，被评为甲等。这两次获奖后，狗牯脑山所产之茶名声大振。之后，随着时代的变迁，狗牯脑山所产之茶重新恢复"狗牯脑茶"之名。

狗牯脑茶以茶树之幼芽嫩叶为原料。根据茶品品级的不同，其原料分为清明前单芽、谷雨前单芽、立夏前一芽一叶初展、立夏前一芽一叶展开、立夏至处暑一芽二叶展开等，而各品级的芽叶需相同的嫩度、匀整度、净度、新鲜度，无杂叶与杂质。

狗牯脑茶干茶为条索状，外形秀丽，芽叶端微曲，墨绿色中有鲜绿色的光泽闪烁，叶面上覆盖着细柔的白色茸毛，茶香清新。以 100 摄氏度沸水冷却至 90—95 摄氏度冲泡，汤色嫩绿，清澈明亮；汤香以绿茶特有的茶香为主，夹着山中林木的木香和春天林中清晨野草的清凉之香；汤味醇厚浓郁，又略带薄荷的清凉，微涩而回甘悠长；茶底嫩芽幼叶清碧爽绿，匀齐整洁。饮狗牯脑茶如饮加了花香型薄荷糖的米汤，醇厚浓郁，芬芳清新，回味无穷。

古
劳
茶

　　古劳茶产于广东省江门市鹤山市古劳镇，以古劳茶树的幼芽嫩叶制成，是广东省名茶和中国传统名茶。因主产地位于古劳镇，其茶树又名为古劳茶树，故被称为古劳茶。

　　据传，唐末诗人曹松在西樵山定居时，曾带了浙江名茶顾渚紫笋的茶种在山上种植，并制茶品请众人品尝。古劳山与西樵山遥遥相望，山上宜种茶，而当地的客家人也喜爱喝茶，茶界中人由此推测，大约在宋代，当地的客家人就已生产、制作古劳茶，至今已有千余年的历史。而历史上，作为客家人种植、制作的客家茶，古劳茶也是远行的客家人，尤其是旅居海外的客家人时常携带之物，是旅居海外的客家游子回到客居地时，也必会向亲友分赠之物：带着它，就像仍在家乡；送上它，就是送上来自家乡的一份祝福。古劳茶盛于清中期，当时已远销欧美澳等地，但在 20 世纪三四十年代，几近失传，直至 20 世纪 50 年代后，才逐渐恢复生产，至今仍属珍稀茶品。

　　古劳茶树有青芽型（俗称青蕊）和红芽型（俗称红蕊）两种。相比较而言，红蕊型茶品香气较淡薄，因此，大多数古劳茶茶品，尤其是高品质的古劳茶茶品，以青芽型茶树之青叶为原料。

目前，古劳茶茶品可分为 3 个档次。一为高级古劳银针。该茶品以春分前后的一芽一叶初展之新芽叶为原料，鲜叶幼嫩细长。其干茶条索呈圆钩形，墨绿色，白茸毫披覆其上，如大雪覆盖着的苍松翠柏。因其细小，被称为雀舌；又因其白毫浓密，被称为雪谷芽。该类茶品为炒青绿茶。二为普通古劳银针。该茶品以清明前后一芽二叶初展之新芽叶为原料，其干茶条索呈圆钩形，黑绿色，略显白毫。因圆钩紧致，色深偏黑，故被称为黑蕊，俗称豆豉粒，为炒青绿茶。三为古劳青茶或低档古劳茶。其以谷雨前后新生的一芽二叶或一芽三叶之青叶为原料，其干茶外形圆紧，色青褐。因其芽叶间的夹角较大，故俗称劈蕊，为烘青绿茶。

与其他绿茶相比，无论何种档次的古劳茶，其最大的不同之处在于茶香。因用高火炒制，古劳茶具有独特的焦香。就古劳银针而言，其干茶香是干枯的茶叶干焦香；第 1—2 道茶，茶汤的香是带着被水润泽之茶叶产生的柔润的茶叶香的水焦香；第 3—4 道茶汤之香为麦芽糖烘焦后的甘焦香；而从第 5 道茶汤开始，茶焦香和着糖焦香之茶香绵绵柔长，浓郁又柔甜。品古劳茶之味，闻古劳茶之香，其茶韵就如远离家乡的游子的思乡之情，有苦苦的思念，有温润的怀想，有甜蜜的回忆，那又苦又甜的思乡之情是如此绵绵不绝……

古劳茶是客家人制作的客家茶。客家人是一个迁移居住的族群，对故乡的思念已成为这一族群的心理－文化基因。常言道，文如其人，而茶又何尝不是如此？想来，古劳茶也满含着客家人对故乡的深切而悠远的思念吧！

古劳茶是高火制作的绿茶，宜将 100 摄氏度沸水冷却至 95 摄氏度左右冲泡，方得该茶之妙香；宜一冲一饮，方得该茶之佳味。

茶语　　思乡之情。

# 古　　钱　　茶

　　古钱茶产于贵州省黔东南苗族侗族自治州黎平县，以绿茶茶树之青叶制成。因形似古代铜币，故名古钱茶，为黎平县特产，也是贵州省名茶。

　　古钱茶属绿茶中的烘青后制绿茶，采用初展的一芽一叶、一芽两叶嫩

叶和展开的一芽两叶青叶，经晾青、杀青、初烘、复烘、复揉、压制等工序制成。古钱茶饼形如古代铜币（俗称铜钱），直径为 2.5 厘米左右，厚为 0.5 厘米左右，中间有方孔，呈古铜钱般的外圆内方形。

　　古钱茶的干茶色泽墨绿，醇茶香中飘扬着花草的清香。以沸水冲泡，茶叶叶片随水分的渗透逐渐展开，如绿色的森林仙子在一潭春泉中慢慢醒来，舒展身姿，轻歌曼舞；汤色嫩绿如翠玉，汤香以烘青特有的醇茶香为主香，带着缕缕青山花草的清香；茶味醇厚滑爽，茶叶特有的茶鲜味明显，茶香和茶味都颇持久悠长；茶底翠绿，叶片匀齐。

　　黎平县是侗族之乡，产茶历史悠久，而古钱茶是在传统的基础上，于20 世纪 80 年代新研制的茶品。经过 30 余年的发展，古钱茶作为黎平特产茶品，其知名度和美誉度不断提升，获得越来越多茶人的喜爱。

茶语

被压制的生命一经释放,会爆发无穷的活力。

顾
渚
紫
笋

　　顾渚紫笋产于浙江省湖州市长兴县顾渚山一带，以绿茶茶树的青叶制成。因其仅产于顾渚山，幼茶茶芽色泽微紫，状如竹笋笋尖，故名顾渚紫笋，为长兴县特产，也是浙江名茶和中国传统名茶。

　　顾渚紫笋春茶新茶的干茶为一芽一叶或两叶一芽，条索紧致挺秀，下部为黄绿色，顶部为紫色，全叶覆白毫；以春日的茶草香为主香，微带新笋的甜鲜香。

　　以 100 摄氏度沸水冷却至 90—95 摄氏度冲泡，茶汤色嫩绿略带淡黄且润而明亮；汤香馥郁，花草香扑面而来，间或有新笋的甜鲜香和新竹的清香；汤味清爽滑润，植物的鲜甜与茶叶特有的涩后回甘交融在一起，形成顾渚紫笋特有的茶味。这特有的鲜甜回甘味，花草香加嫩笋新竹香，汤中叶片下绿上紫如花朵开放，以及茶青的紫色笋状，构成顾渚紫笋与众不同的"四绝"。而顾渚紫笋的茶底叶片幼嫩细柔，如花苞般等待开放，使得观赏茶底也成为品饮顾渚紫笋的一大乐趣所在。

顾渚紫笋历史悠久，是中国历史上的一大名茶，茶圣陆羽在《茶经》一书中称其为"茶中第一"，在唐代至明代均为贡茶。到明末清初，因战乱，顾渚紫笋产量锐减，逐渐成为爱茶人的私房茶和茶农自制自喝的农家自用茶。一直到 20 世纪 70 年代，顾渚紫笋才获得一定的重视，被扩大了种植面积并增加了产量，但因产量仍然有限，故仍在珍稀茶品之列。

茶语　我在河的这边，历史在河的那边，茶是一艘航船，载着我，驶向历史，进入历史。

桂林毛尖产于广西壮族自治区桂林市，以绿茶茶树的青叶制成，为桂林市特产，也是广西壮族自治区名茶。

桂林毛尖干茶条索紧直，外形挺秀，嫩芽翠绿，白毫显露，花香明显。以 100 摄氏度沸水冷却至 90—95 摄氏度冲泡，茶汤翠绿明澈；茶香以鲜花清香为主香，尾香为清爽清丽的草香，茶香悠长；茶味醇厚鲜爽，有回甘，持久；叶底嫩绿明亮。

桂林毛尖为广西桂林茶叶科学研究所于 20 世纪 80 年代新创制的茶，以清明前后当地茶树新生的芽叶（一般为一芽一叶）制成，经多年努力，如今已成为广西地区的名茶，深受茶人们的喜爱。

茶语 ｜ 茶香升起，他香尽成背景。

# 桂平西山茶

　　桂平西山茶产于广西壮族自治区桂平市西山，以绿茶茶树的青叶制成，为桂平市特产，也是广西壮族自治区名茶。因西山有一泓甘甜的泉水名"乳泉"，桂平西山茶又名"乳泉茶"。

桂平西山茶始于宋代（一说为唐代），至明代已闻名于广西、湖南、湖北等地。桂平西山茶以嫩、翠、香、鲜为主要特征。其干茶叶嫩条细、毫锋显露，茶色青黛有光泽。以100摄氏度沸水冷却到90—95摄氏度冲泡，茶汤色翠绿，清澈明亮；汤香以独特的水果之清香为主香，辅之以春草的清新，茶味醇厚而甘甜，茶鲜味浓郁，饮后齿颊留香，茶鲜味悠长；茶底嫩叶匀整，翠色如远眺之春山，一片春意盎然。

　　如西湖龙井最宜用虎跑泉水冲泡一样，据说，桂平西山茶与西山乳泉也是最佳伴侣：以乳泉水冲泡桂平西山茶，茶汤更为鲜醇香翠，色、香、味更佳。

茶语

相辅相成，方能相得益彰。

# 汉 中 仙 毫

汉中仙毫产于陕西省汉中市的秦（秦岭）巴（大巴山）山区，以绿茶茶树的幼芽嫩叶制成，为汉中市特产，也是陕西省名茶之一。

汉中地区为古代巴国旧地，有悠久的产茶、制茶历史，也是历史上著名的茶叶销售、运输集散地之一。以此为基础，汉中仙毫于20世纪80年代初创制成功，并逐渐形成香高、味浓、耐泡、保健（富硒）、形美五大特色，进而成为陕西省一款新的名茶。

汉中仙毫属北茶，以单芽或一芽一叶制成，干茶外形微扁挺秀，嫩绿的叶芽上白毫明显，花草香浓郁。以100摄氏度沸水冷却至90—95摄氏度冲泡，汤色嫩绿明澈；汤香为暮春之花草香，香气扑鼻且悠长；汤味醇厚鲜爽，微涩，入喉后满口回甘；茶底叶片匀齐嫩绿。

如用筒状玻璃杯冲泡，汉中仙毫叶片在水中根根挺立，翠绿成林；凝神望之，心灵便飞向了它的出生地——巴山秦岭国家自然保护区的崇山峻岭，飞入了那片广袤密林。

　　汉中地区的土壤富含人体所需的微量元素硒，因而，汉中仙毫除了一般的茶品都具有的养生保健功效外，也具有与硒相关的保健功效。

# 华 山 银 毫

　　华山银毫产于安徽省六安市，以绿茶茶树青叶之芽蕊制成，为六安市特产，也是安徽省名茶。因主产地在佛教圣地九华山，芽蕊细小披毫，银黄白亮，故被称为华山银毫。

　　六安市有悠长的产茶、制茶历史，华山银毫就是在传统的基础上，于20世纪90年代创制成功的。该茶品为芽蕊茶。其是在清明至谷雨前挑一芽一叶或一芽二叶初展的青叶连枝采摘，连枝杀青，然后抽取芽蕊，以无烟木炭烘焙而成。芽蕊茶在茶中尚不多见，精心加工的上品华山银毫已在茶人中颇具盛名。

华山银毫的干茶条索纤细秀丽，据说，上品华山银毫每 500 克有 10 万多个芽蕊；白毫微显，色泽绿中闪黄亮，绿茶的清香、春花之香和微微的炭香融合成特有的茶香飞舞在面前。以 100 摄氏度沸水冷却至 85 摄氏度左右冲泡，汤色绿中闪黄，清澈明亮；香以绿茶清新、鲜醇之香加春花芬芳之香为主香，木炭的醇香穿行其中，形成一种具有厚度的清爽、清雅之茶香；汤味醇滑，茶鲜味明显，两者相融形成鲜爽之味，微涩，回甘悠长；茶底幼嫩润亮，叶片匀整纤秀。

　　品华山银毫，会深感大自然造物之神奇。即使纤细如茶蕊，在经历抽取、杀青、烘焙等磨难后，仍具有强大的生命能量，能创造自己的存在价值。人，不也该向茶学习？

茶语

小并非弱的代名词。

# 黄檗茶

　　黄檗茶主产于江西省宜丰县黄檗山，以绿茶茶树青叶为原料制成，为宜丰县特产，也是江西省名茶和中国历史名茶。黄檗山有禅、茶、泉、竹四绝，是旅游胜地。而作为中国佛教禅宗南宗五大流派之一——临济宗的祖庭圣地黄檗寺的所在地，黄檗山也是禅宗名山之一。在黄檗山上，可以茶悟道，以道悟茶，品茗开悟，以茶洗心去尘，由此，黄檗茶成为禅茶一味的一大代表性茶品。

　　黄檗茶的历史十分悠久。早在唐代，就有僧人在寺院周边种茶，并自制茶品。因该茶品产于黄檗山，故被称为黄檗茶。自宋、元至明，黄檗茶均为贡茶，每年上贡皇室。在民国时期，黄檗茶虽开始衰落，但仍在德国莱比锡举办的国际博览会上获奖。近40年来，黄檗茶开始振兴，重新走上发展之路，开始享誉省内外。

黄檗茶的传统制作工艺有三大与众不同之处：一是茶源为露水茶；二是用花烘焙茶品——用线将花苞串束后放入烘焙箱中，与茶一起烘焙后，取出串花，使茶有花香而不见花；三是用带青叶的竹枝做炒茶工具，以木炭为烘焙用火之材。由此制成的黄檗茶，才有了形似瓜子片、汤色淡绿嫩黄、汤香如菊花香的奇妙之处。近几十年来，现代化的黄檗茶制作工艺讲求三炒（炒青）、三揉（揉捻）、三烘焙，呈现出另一种茶味和茶韵，也形成了银针、毛尖、剑锋、玉片、玉珠等系列茶品。

黄檗茶以绿茶茶树之一芽两叶为原料，芽叶秀挺细嫩，色绿，多白毫。制成茶品后，干茶条索秀挺紧结，茶香中夹着春天山野中春草的清香。以100摄氏度沸水冷却至90摄氏度左右冲泡，汤色青碧清澄，茶香清新清爽，如清风一拂而过；汤味浓厚、滑爽，茶鲜味醇而纯，涩但回甘饱满，有一种秋收的充实感；茶底匀整，嫩绿鲜亮。

茶语

清空杂念，以无心抵达新我。

黄
山
绿
牡
丹

　　黄山绿牡丹产于安徽省黄山市歙县，以绿茶茶树之幼芽嫩叶制成，为黄山市特产，也是安徽省名茶。黄山绿牡丹为绿茶中的炒青类花型茶，造型如牡丹，色绿，而歙县属黄山市，故被命名为黄山绿牡丹。

　　黄山有悠久的产茶、制茶历史，而黄山绿牡丹则是在传统的基础上，于20世纪80年代中期新创制的。它以清明至谷雨前的茶树的一芽一叶或一芽二叶初展之青叶为原料，经杀青轻揉、初烘理条、选芽（芽叶）装筒（造型筒）、造型美化、定型烘焙、足干贮藏等6道工序而成，其干茶每朵在3克左右，为一杯茶的茶量。

　　黄山绿牡丹干茶均匀整齐，花型圆扁，花蒂紧扎，花瓣扁平，色绿翠，锋苗微现，白毫明显，茶香飘逸。以100摄氏度沸水冷却至85—90摄氏度冲泡，随着花瓣慢慢展开，一朵绿色的牡丹花在茶盏中开放。茶汤色青绿，汤中白毫闪亮；香为绿茶特有的清香，馥郁而清新；汤味清爽润滑，微涩，回甘幽而悠长；茶底幼嫩洁净，

花开亮丽。

与其他绿茶相比，黄山绿牡丹最大的特点是独特的观赏性与茶之清雅的结合。品黄山绿牡丹，于茶之清雅中观赏到了牡丹的富贵，又在牡丹的富贵中品赏到了茶之清雅，原本隔着楚河汉界的清雅与富贵，就这样在茶盏中握手言和，相互辉映。

# 黄
# 山
# 毛
# 峰

黄山毛峰产于安徽省黄山市，以当地绿茶茶树之幼嫩芽叶制成，为黄山市特产，也是安徽省名茶和中国传统名茶。黄山旧属徽州，故黄山毛峰也有徽州毛峰之称。黄山市黄山区原名太平县，黄山所产之黄山毛峰又被称为太平毛峰。

黄山产茶、制茶有悠久的历史。其中，黄山云雾茶始于宋，兴于明，在明朝即闻名全国，为贡茶。清光绪年间，徽州茶商在黄山云雾茶的历史传统基础上，研制成功一种新茶品。因其叶披白毫，芽尖似山峰，故命名为"毛峰"，后又以地名冠之，称"黄山毛峰"。

黄山毛峰以一芽一叶初展(特级)、一芽二叶初展(一级)、一芽三叶（一级以下）之青叶为原料，常夹带金黄色的鱼叶（俗称黄金叶），因加工工艺与其他绿茶有所不同，有锅中揉捻、烘笼中烘焙之工序，所以黄山毛峰具有独特的色、香、味，给人与众不同的茶感，形成独树一帜的茶韵。

黄山毛峰的干茶条索扁平，上覆茶毫，色翠绿带微黄，油润光亮，如阳光照耀下的山峦。叶顶部被叶片包裹的嫩芽显露，如巧匠雕琢的细小雀舌。清新的茶香中穿行着清新的山野花草香。以 100 摄氏度沸水冷却至 85—90 摄氏度冲泡，玻璃杯中，叶片上下翻飞，然后直立悬浮于茶汤中，如山中密密的树林，接着徐徐下沉，铺陈为一片绿苗，芽头仍挺直，如或洁白如玉，或黄白如象牙的株株石蒜花绽放在夏日的草地上。若以盖杯为冲泡工具，可见倒出的茶汤微绿嫩黄，清亮暖润，如倒映着春花春树的一泓春泉。茶香芬芳，绿茶特有的清香中有清幽的兰花香或板栗香。不知是山场的不同、鲜叶成熟度的不同，还是茶树品种的不同，造就了这茶香的差异，使饮者在品饮之前多了几许期待和猜测，品茶时多了几许山中探险之新奇和遐想。茶味浓而不烈，醇滑，鲜爽，微涩，回甘纯，有一种山泉的清冽和背阴处岩石特有的冷冽回旋于茶汤中，构成了黄山毛峰特有的泉冷石寒的韵味。茶底嫩绿柔黄，叶肥芽壮，润泽光亮。

品饮黄山毛峰，有踏春山观春景之感，处处山明水秀、泉清石美、鸟语花香，消疲解烦，令人神清气爽，让人发现和体会到世间的美妙。

茶语 ┃ 人间胜境。

惠明茶

惠明茶（又名金奖惠明）产于浙江省丽水市景宁畲族自治县，以绿茶茶树的青叶制作而成，为景宁特产，也是浙江省名茶和中国传统名茶。

惠明茶干茶条索紧致，秀直光滑，银毫明显，上有黄光闪耀；幽幽花香夹着果香，香气宜人。置适量茶叶于玻璃长杯中，以100摄氏度沸水冷却至90—95摄氏度冲泡，茶汤色清澈翠绿，如青山明媚；一芽一叶（俗称金枪）的叶片芽长于叶，或根根直立（杯中），或铺陈成花朵（杯底）；汤味醇厚润滑，鲜爽，有不知名水果的甘味悠悠缕缕地从汤中渗出，形成特有的茶汤甜味，令人难忘；汤香仍是幽幽花香夹着甜甜果香，不时还会有一缕兰香逸出。一盏入口，便坠入清新香甜的茶香和茶味之中；茶底润绿秀丽，叶片柔嫩匀齐。

惠明茶源于唐代。据传，唐咸通二年（861），高僧惠明在今鹤溪惠明寺村建寺，寺以僧名，村以寺名，村民所种之茶也因此被称为惠明茶，远近闻名。至明朝，惠明茶成为贡茶。1915年，在美国旧金山为庆祝巴拿马运河通航而举办的万国博览会上，经茶师品评，中国选送的惠明茶荣膺金质奖章。故而，惠明茶又被称为"金奖惠明"或"金奖惠明茶"。

茶语

以茶为证，相伴到永远。

江
山
绿
牡
丹

江山绿牡丹产自浙江省衢州市江山市，以绿茶茶树之幼芽嫩叶制成，为江山市特产，也是浙江省名茶和中国历史名茶。因其最早的干茶茶型为扎花型，呈牡丹花状，色绿中微黄，产地为江山，故被命名为江山绿牡丹。

江山绿牡丹的历史可追溯至唐代时位于江山的仙霞岭所产的仙霞茶；至宋代，因被文名远播的苏东坡称为"奇茗"而颇负盛名；至明代，正德皇帝将其命名为绿茗，并列为贡茶。但在民国期间，因战乱迭起，江山绿牡丹几近消亡，直到 20 世纪 80 年代初，才被重新研制成功，并因形似牡丹、绿润明亮而沿用旧名江山绿牡丹。

在我品饮过的江山绿牡丹中，其干茶外形有牡丹花状和兰叶状（散茶）两种。无论前者还是后者，均为绿茶中以制作工艺分类的烘青类，只是扎花型茶品多了一道扎花工序。江山绿牡丹以采摘于清明至谷雨前的单芽、一芽一叶初展、一芽二叶初展之青叶为原料；在炒制和烘制过程中，强调炒后即扇风和烘后扇风，以迅速降低温度，加快水分蒸发，减少茶多酚等内含物质的挥发，保持茶品的鲜绿色和鲜爽味。而这独特的加工工艺，也

形成了江山绿牡丹独特的茶味和茶韵，乃至茶之意境。

　　江山绿牡丹干茶以润绿为主色，时有微黄（茶芽色）闪动，白毫显露；香为江南绿茶春茶特有之清香，夹着山野中春花春草的清丽之香。以100摄氏度沸水冷却至85—90摄氏度冲泡，茶汤色润亮，鹅黄柳绿，似江南水乡初春时小巷边宁静如画的一池春水；香以绿茶的清香为主香，春草春花的清新和雅丽在茶香中缓缓而行，幽幽地，轻轻地，不经意间香已盈口，香味悠长；味润而醇，清而爽，茶鲜味突显，形成融醇爽、润鲜、清鲜、甘鲜于一体的别具一格的茶味，那是江南春天特有的春鲜味；茶底嫩绿如鲜叶，扎花型茶品茶底沉于杯底如绿莹莹的牡丹盈盈开放，散茶茶底芽叶如春兰之叶自然成画，如一幅春兰写意图。

　　品江山绿牡丹，有春色养眼，有春光养心，有春意养神，让人进入一种不争春而自成春的意境之中。

茶语

虽不争春，自已成春。

# 金　　　观　　　音

　　金观音产于福建省及闽浙交界地区，以金观音茶树之幼芽嫩叶为原料，用绿茶制作工艺制成，为绿茶类茶品中的新秀。

　　金观音茶树并非天然生成，而是福建省的茶叶科研人员与茶农一起，从 1978 年至 1999 年，历经 20 多年的时间，以铁观音为母本，以黄金桂为父本培育而成的无性系新良种，并在 2000 年通过福建省品种审定，2002 年通过国家级品种审定。目前，金观音已成为青茶（乌龙茶）和绿茶的一个重要茶源。因金观音的茶性偏铁观音，而其父本黄金桂中有一"金"字，故被命名为"金观音"。又因其是科研人员与茶农一起合作研制成功的科研茶品，故又被称为茗科 1 号。

绿茶类金观音以每年 3 月中旬至下旬采摘的、种植于当地的金观音茶树之一芽二叶嫩叶为原料，用绿茶工艺制作而成。其干茶外形为条索状，色绿润，春野清爽的花香扑鼻而来。用 100 摄氏度沸水冷却至 90 摄氏度左右冲泡，茶汤色明绿清澈，如山中盈盈一泓碧泉，引人注目观赏；汤香如暮春清晨的花圃，花香醇而清新，艳而馥郁，绿茶特有的清新的茶香时隐时现，形成绿茶类金观音不同于其他绿茶的、特有的以花香为主香的茶香；汤味醇滑鲜爽，茶叶特有的茶鲜味明显，汤味较其他绿茶也更有厚度；茶底亮绿，叶片肥厚，匀齐洁净。

　　因铁观音和黄金桂都是可制作青茶（乌龙茶）的茶树品种，其青叶较绿茶茶树之青叶肥厚，内含营养物质更丰富，因此，作为其共同后代的金观音茶树，其青叶用于制作绿茶时，也呈现出乌龙茶的某种特征，如乌龙茶特有的清新花香、特有的醇厚茶味等，从而成为别具一格的绿茶茶品。

茶语

别具一格自风雅。

# 金 山 翠 芽

　　金山翠芽产于江苏省镇江市，以福鼎太白毫、福鼎大白茶等多毫型大叶良种茶树之幼芽嫩叶为原料制成，为镇江市特产，也是江苏省名茶。

　　镇江产茶、品茶历史悠久。据说，"以茶代酒"的典故就出自镇江。而基于旧时用于品茶的天下泉水品质的定位，临扬子江的镇江的中泠泉被誉为"天下第一泉"，由此，"扬子江中水、蒙顶山上茶"成为古代茶人心中品茶的最高境界。在深厚的产茶、品茶的历史基础上，金山翠芽于20世纪80年代初研制成功，并于20世纪90年代中期进入机械化的大规模生产。

　　金山翠芽以清明前后至谷雨前后茶树初展的一芽一叶为原料，芽苞肥

壮，芽叶翠绿。制成后的金山翠芽干茶青翠带微黄，茶毫明显，扁平挺秀，芽叶呈古代兵器中的一旗一枪状；绿茶春茶之新茶特有的清香浓郁，有春草的清香在茶香中飘浮。以100摄氏度沸水冷却至85—90摄氏度冲泡，长筒玻璃杯中翠芽上下起伏翻飞后，慢慢下沉，如嫩竹春笋生长在杯底，而未下沉的叶片则如绿萝，飞舞在微风中，有一种魏晋士子的恣意率性；汤色嫩绿润亮，有微微的浅黄色在汤面荡漾，如仲春时节山中的溪水，一路而下，时有春花春叶落于其上，随之流淌；茶香浓郁，江南春茶特有的嫩香中有春花的芬芳和春草的清新，给人春色满园之感；汤味浓厚，茶鲜味饱满，茶之苦涩感明显，回甘足，饮后舌底生津；茶底肥硕嫩绿，叶片均匀整洁。

金山翠芽不似江南核心地带所产之历史名茶，如洞庭碧螺春、西湖龙井般温润、清雅、婉约，而是有一种豪放、飞扬、自我自如的茶意。品之，如见魏晋士子，长发飞舞，白衣飘飘，于竹林中高谈阔论，各抒己见，然后一路长啸，潇洒而去……

茶
语

魏晋风范。

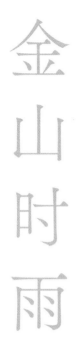

金山时雨

　　金山时雨产于安徽省宣城市绩溪县，以当地绿茶品种群体种之金山种的幼芽嫩叶为原料制成，为绩溪县特产，也是安徽省名茶。因主产区在绩溪县的金山村，成茶外形如雨丝，故被命名为金山时雨。

　　绩溪县产茶、制茶的历史可上溯至唐代，以传承的高山绿茶种植与制作技艺为基础，清朝道光年间，茶商创制了一款新茶品，时称金山茗雾，后以时雨为名经销，再后来就被定名为金山时雨。这款新茶品一经问世，就获得茶人好评，价格飙升，成为绿茶中的珍品；到了民国时期，不仅国内闻名，还远销10多个国家和地区。在清光绪年间，金山时雨成为贡茶，上贡皇室。

　　金山时雨以采摘于谷雨前后的一芽二叶初展

（特级）及一芽二叶至一芽三叶（特级以下）之青叶为原料，其茶品干茶芽头肥壮，条索紧致，白毫隐显，细如雨丝，纤细秀雅；色泽深绿润泽，茶香中绿茶之香清新，春花之香清润。以100摄氏度沸水冷却至85—90摄氏度冲泡，汤色青碧淡黄，明澈闪亮；香为绿茶的清香夹着春花的芬芳，饱满而温润，柔柔地将人包裹于茶香之中；味纯而醇，润滑清爽，微涩，回味甘甜；茶底嫩匀齐洁。

品金山时雨，如遇邻家小妹妹，娇小玲珑，活泼可爱，乖巧中带着点小任性，耍了小性子后又会甜甜地前来讨好，伸展着双臂在春光明媚的草地上欢笑……

茶语

邻家小妹妹。

金坛雀舌

金坛雀舌产于江苏省常州市金坛区，以绿茶茶树之芽苞(特级)或嫩叶幼芽(特级以下)制成，为金坛区特产，也是江苏省名茶。

金坛产茶、制茶历史悠久，在宋代就有有关形似雀舌的茶品的记载。1982 年，以地名加茶品外形特征，该茶品被定名为金坛雀舌。

金坛雀舌的鲜叶采自中小叶良种茶树，其树种特色为茶毫较少，芽头肥壮，叶形中等，茶氨酸含量较高。以清明前后初长的茶树芽苞（特级）和一芽一叶初展的青叶（特级以下）为原料，金坛雀舌茶品之干茶外形细小幼嫩，形如雀舌，扁平挺秀；香气为清雅的绿茶春茶之香，夹着春草的清新。以 100 摄氏度沸水冷却至 80—85 摄氏度冲泡，汤色淡绿，清爽宜人；香为江南绿茶之春茶特有的清香加板栗的馨香，春草的清新穿行其中，茶香清雅而悠长；味轻滑顺润，茶鲜味十分明显，一口入喉，如春风拂过，茶香和茶味余韵悠长；茶底幼嫩润绿，匀整秀雅。

品金坛雀舌，如遇一位清丽脱俗的少女从混沌的迷雾中走出，如莲花绽放在盈盈碧水中，令人不由得放下俗念，神清气爽。

茶语　清丽、清雅、清爽、清明。

# 荆 溪 云 片

　　荆溪云片产于江苏省无锡市，以福鼎大白毫茶树之嫩芽制成，为江苏省名茶。

　　荆溪云片创制于 20 世纪 80 年代，主产区为唐代贡茶产地，其茶品原料为茶树青叶之肥嫩的芽叶。荆溪云片干茶外形扁平挺直，色泽翠绿，白毫显露。观之，人会产生一种白云飘浮在青山绿水间被绿色浸染的遐想；绿茶的清香优雅，夹着丝丝缕缕的松木和青草之香，引品茶人进入野山松林的幻境之中。

以100摄氏度沸水冷却至85摄氏度左右冲泡,茶汤色泽青绿透明,如映着湖边翠柳的清晨春湖;汤香清雅馥郁,茶香、松木香、春草香融为一体,令人如入春日松林中,心旷神怡;汤味纯而醇,春茶特有的茶鲜味饱满厚实,饮后,有微微的回甘从齿间渗出,让人更加静心凝神;茶底嫩绿,匀齐净,清丽。

荆溪云片给人一种唐代诗人王维所云"明月松间照,清泉石上流"(《山居秋暝》)的意境,令浮躁的心得到片刻的宁静。

茶<br>语  |  且坐松林间,闲看白云舒。人生追梦急,<br>也须静心时。

井
冈
银
针

井冈银针产于江西省井冈山市山区，以绿茶茶树的
嫩叶制成，为井冈山特产，也是江西省名茶。

井冈山原先就有野茶生长，以野茶制作的茶品被称
为仙茶、石姬茶。20 世纪二三十年代，井冈山革命根据
地建立，井冈山成为中华苏维埃共和国临时中央政府管
辖的核心地区之一。后，红军对野生茶树进行人工栽培，
井冈山茶叶产区的面积有了较大的扩展，茶品质量有了
较大的提高。中华人民共和国成立后，井冈山茶叶的产
量和质量不断提升，形成了井冈银针这款名茶。

井冈银针以茶树的嫩芽叶制成，干茶细如针，色泽

翠绿,白毫浓密,故称"银针"。以100摄氏度沸水冷却至85摄氏度左右冲泡,汤色青碧明亮,汤香为绿茶香和着清新的翠竹香,汤味醇厚,茶鲜味与入口即有的茶叶特有的植物甜融合在一起,回味悠长;茶底纤秀,嫩绿如新竹之色。

　　品井冈银针,如入竹林深处,但见修竹青翠,还有清新甜润的风在面前吹过,一派闲适与安宁。

茶语

青林翠竹,四时俱备。

径

山

茶

　　径山茶产于浙江省杭州市余杭区,以绿茶茶树之青叶制成,也是浙江省名茶和中国传统名茶。

　　径山茶春茶新茶的干茶为条索状,细嫩秀丽,茶色翠绿,上覆白毫,有春花的清香。以100摄氏度沸水冷却至90—95摄氏度冲泡,汤色绿中带翠,明亮秀雅,如阳光下春水漾波;汤香是初春花草的嫩香,雅而悠长;汤味醇滑鲜爽;茶汤入口入喉,即有满口满喉的茶鲜味,且悠长;茶底幼嫩,润翠匀齐。

　　径山茶可先放茶叶再注水冲泡,也可先注水再放入茶叶,浸润后得茶汤。较之其他绿茶茶品,径山茶用先水后茶的浸润泡茶法浸泡,干茶吸水快,茶叶内含物质渗出快,这被茶客们认为是径山茶的一大特点。而用玻璃杯以该方法泡茶,可见叶片翻飞腾挪后迅速落入杯底,铺陈出一片绿茵茵的草地。想象着人间四月天,午后阳光明媚,躺在春草地上,听黄莺婉转歌唱,看纸鸢蓝天漫飞，心中也会是春光明媚、春意盎然。

径山茶源自唐代，盛于宋代，至今已有 1200 多年的历史，是历史悠久的中国传统名茶。在古代，径山茶是径山寺的庙茶，径山寺也以这一庙茶为基础，创建了自成体系和风格的径山茶宴。

茶语

心中有春意，处处是春天。

# 敬 亭 绿 雪

  敬亭绿雪产于安徽省宣城市宣州区，以当地绿茶优良品种宣城尖叶（又称尖叶种、大尖叶）之幼芽嫩叶为原料制成，为宣城市特产，也是中国历史名茶。因主产地位于宣州区北郊的敬亭山，青叶白毫浓密，茶品之干茶上覆白毫，冲泡时，白毫飘落，在杯中如雪花纷飞，故被称为敬亭绿雪。

  敬亭绿雪创制于明朝，在明、清两朝均为贡茶，但在清朝末年几近失传。20世纪70年代晚期，在科研人员的努力下，敬亭绿雪得以恢复生产，进而重新进入名茶的行列。

  敬亭绿雪以采摘于清明至谷雨前的一芽一叶未展（芽叶芯，特级）及一芽一叶初展至一芽二叶初展（特级以下）的青叶为原料，其干茶为扁平条状，似雀舌，挺直肥壮，白毫浓密，色泽嫩绿明翠，有南方春茶新茶的嫩香馥郁。以100摄氏度沸水冷却至90摄氏度左右冲泡，长筒玻璃杯中叶片上下翻卷，然后徐徐展开，如兰叶漂于杯中，或浮或沉，叶片上的白毫不断散开，如雪花纷飞；汤色青碧润泽；汤香是绿茶春茶的清香加春草的清香，清新宜人；汤味纯而醇，茶鲜味明显，回甘悠长，有一种与众不同的带着回甘的醇滑的爽鲜味，回味无穷；茶底细嫩润泽，匀齐明净。

敬亭绿雪茶饮颇具观赏性。玻璃杯中，茶汤色泽碧绿，叶片仿佛兰叶飘动、兰花绽开，蓦地，有细如茸毛的雪花飘落，纷纷扬扬，穿行在兰花丛中。雪停，叶落，铺陈开一地茵茵春草，茶的清香加上春草的清香融成一种清新之香，从这绿茵茵的春草地中飘然而出；饮者便入了这由茶营造的春景之中，成为春色的一部分。

敬亭山风光旖旎，是历史名山。唐朝大诗人李白有诗云："众鸟高飞尽，孤云独去闲。相看两不厌，只有敬亭山。"（《独坐敬亭山》）在对敬亭山的神往中，来一杯敬亭绿雪，观之，品之，亦是相望而乐，相看两不厌的呢！

茶语

相望而乐两不厌。

# 九 华 佛 茶

　　九华佛茶产于安徽省池州市青阳县，以当地绿茶优良品种茶树之幼叶嫩芽为原料制成，为池州市特产，也是安徽省名茶。因主产地在中国四大佛教圣地之一的九华山，故被称为九华佛茶。

　　九华佛茶是池州市于21世纪初在整合了池州市茶叶资源和品牌后注册的茶品商标名，包括唐、宋时期即有盛名的九华毛峰（1915年，九华毛峰在巴拿马万国博览会上获金质奖章）、作为九华毛峰核心产区的前山下闵园所产之闵园毛峰（史称闵园茶）、打鼓峰下的大古岭毛峰、黄石溪的黄石毛峰（史称黄石溪茶）、九华山佛茶（原寺院茶）等。所以，就茶品而言，九华佛茶中的不少茶品也在中国传统名茶、历史名茶之列。

据载，佛教在九华山的传播始于东晋，兴于隋，盛于唐。而九华山的种茶、制茶史则源于唐，与来自新罗国的僧人金乔觉（后被世人称为金地藏）有着不可分割的关系。自金地藏在九华山建庙、种茶、兴饮茶之风后，随着寺庙、僧人、香客、访者等的不断增加，自用和待客所用之茶所需量也不断增长，茶叶成为各寺庙的一大日常所需，佛事与茶事相互促进，从唐代开始，均迅速发展，九华山茶也逐渐闻名天下。而随着佛事用茶的增加，茶业的发展，当地民众也投入茶品的生产中，僧俗一起，形成了九华山的茶产业，推进了九华山茶的产业化发展。而在中华人民共和国成立后，尤其是改革开放以来，九华山茶业更是有了长足的发展。目前，以九华佛茶为商标的九华山茶品系列已在国内外享有较高的知名度。

九华佛茶以谷雨前后的一芽一叶初展和一芽二叶初展为原料，通过特殊的做形工序形成独特的如佛手的外形。总体而言，九华佛茶干茶条索稍曲稍扁，状似佛手；色绿润微黄，上覆白毫，有江南高山绿茶特有的鲜爽香，夹着些微茶炭化后的茶炭香。以100摄氏度沸水冷却至95摄氏度左右冲泡，茶汤色明亮，新绿中有黄光闪动，是　派春之晴朗，茶香以江南高山绿茶的浓郁鲜爽之香为主香，高山春花的芬芳穿行在茶香中，又不时跳跃着茶炭香，形成十分浓厚的茶之香味；汤味饱满鲜醇，有涩味，回甘快，饮后满口生津，滑而润泽；茶底软绿柔黄，明亮、匀整、洁净。

品饮九华佛茶，有一种明亮的厚实和润泽的饱满的感觉，如同明了事理、觉悟生活后的踏实和清明。

觉悟方是心安处。

开
化
龙
顶

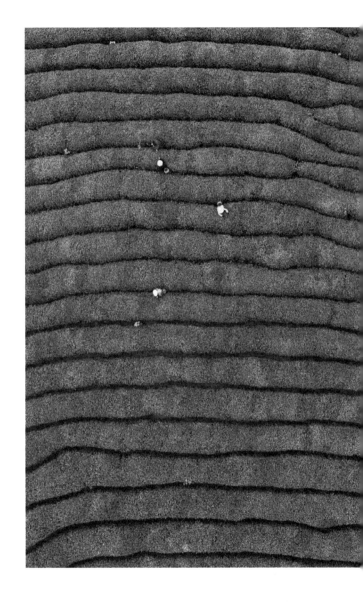

开化龙顶产于浙江省衢州市开化县，以当地绿茶茶树之青叶制成，是近 20 年来浙江绿茶中的后起之秀，已成为浙江省继西湖龙井之后的又一名茶，享誉国内外。

开化龙顶的干茶以一叶一芽或两叶一芽之青叶为原料，条索紧致光洁，茶香清新。以 100 摄氏度沸水冷却至 90—95 摄氏度冲泡，汤色青绿，如远望春天的群山，一派绿意盎然；汤香清雅馥郁，如仲春淙淙小溪边盛放的春花，杂着春草，清新而明丽；汤味醇滑顺润，鲜甘可口，入口有醇润之感，入喉有鲜爽甜甘之味。如用玻璃长杯冲泡，可见茶索紧直挺秀，在水的冲力下，茶叶如跳芭蕾舞，翻飞、旋转，舞姿翩翩，最后形成一片杯中森林，让人遐想无限。茶底嫩润，鲜绿秀美。有茶人说，干茶色绿、茶汤青绿、茶底鲜绿是开化龙顶最大的特色，而我认为，春天山野之色与香，以及春泉之味，是开化龙顶有别于包括西湖龙井在内的其他绿茶的最大特点所在，也是开化龙顶作为绿茶最能吸引人、让人回味无穷之处。

茶语　有自我的觉醒、自信的心理、自立的能力，方能成为自己、成全自己、成就自己。

# 老 龙 井

　　老龙井产于浙江省杭州市西湖区，以种植在西湖周边群山中的传统品种茶树（俗称老茶种）的青叶制成，为杭州市特产，也是浙江省名茶和中国传统名茶。

　　过去，当地茶农种植的是传统品种（总称为传统龙井群体种），而近40年来，随着龙井43号、龙井长叶等新品种的选育成功和大面积推广种植，较新品种产量低、成熟（新茶开采）时间迟的传统品种茶树不断被取代，种植量已很少，其青叶所制茶品已成珍品，即使是杭州本地人也很难尝其真味了。

然而，也正由于其树龄长、产量低（茶树所长嫩叶少）、新茶开采时间较晚（生长期较长），老茶种龙井不仅茶树更能抵抗江南早春会不时出现的倒春寒，其茶品之色、香、味、韵也特色鲜明：与选育种相比，老茶种春茶新茶干茶的绿色更深，绿色中有黄色的微光一闪一闪地跳跃；茶香更郁，春野中的新花嫩草之香在鼻尖萦绕；茶汤中的炒黄豆香或绿豆腥味明显。

用 100 摄氏度沸水冷却至 90—95 摄氏度左右冲泡，老茶种西湖龙井春茶之新茶的茶汤色如翠竹新绿；汤味更醇更顺，茶鲜味光盈饱满，入口即有植物甜与微涩，后回甘，满口是清爽的甘甜；汤香如空谷幽兰，其间不时飘出因种植地不同——如狮峰、龙井、虎跑、云栖等被称为"狮龙云虎"的传统贡茶产地，抑或梅家坞、杨梅岭、翁家山等今日商品茶的主产地而导致的各具差异的炒黄豆香，或绿豆腥味；茶底嫩绿如玉，秀丽雅致。西湖龙井的春茶以清明前（茶品俗称明前茶）至谷雨前（茶品俗称雨前茶）新生的一芽一叶或一芽二叶之青叶所制。喝一盏老茶种龙井绿茶，如暮春四月，偷得浮生半日闲，入深山得一场农家乐。这是一种文人化的农家欢乐，也是一场富有农趣的文人雅集。

茶
语

以一张旧船票登船，开始新的航程。

# 老 竹 大 方

　　老竹大方产于安徽省黄山市歙县，以绿茶茶树之幼芽嫩叶为原料制成，为歙县特产，也是安徽省名茶和中国传统名茶。因核心产区之一在老竹岭竹铺，特色加工工艺之一是将茶青叶拷扁，拷扁后的茶叶呈竹叶状，为深墨绿色，似古代的铸铁色，故被命名为老竹大方外，还被以"老竹"之地名冠以茶名，称之为竹铺大方、拷方、竹叶大方、铁色大方茶等。

　　老竹大方源于明代中期，在清代被列为贡茶。传说在明朝中期，有一位名叫大方的僧人在老竹岭中一无名山峰上种茶、制茶，因茶种优良，制作手法精妙，制成的茶品广受欢迎，盛名远扬。于是，山以僧名，该山被

称作大方山，茶以山名，该茶被命名为大方茶。

老竹大方以当年的一芽一叶初展（特级）、一芽二叶初展（一级）、一芽三叶初展（一级以下）为原料，青叶采摘的时间为谷雨前（特级、一级）和谷雨后至立夏前（一级以下）。经特色工艺加工而成的老竹大方茶品，一级及以上的干茶外形扁平宽大，挺拔光滑，色墨绿带微黄，上覆金黄色茶毫，芽隐伏于叶中，微有花香，绿茶香明爽。以 100 摄氏度沸水注入长筒玻璃杯中，待其冷却至 90 摄氏度左右，投入适量的干茶，可见扁平修长的叶片在水中沉浮，然后，叶片慢慢打开，显出芽叶，呈一旗一枪状或兰叶状或凤羽状；茶汤色青碧微黄，板栗香飘荡在绿茶的清香中。待茶汤冷却至 45—50 摄氏度品饮之，香入汤味，汤味醇厚浓爽，微涩，回甘中带着茶鲜味，形成醇浓鲜甘的口感；茶底嫩匀齐整，芽叶肥壮。

一级以下的老竹大方的干茶外形挺直、肥壮、光滑，似竹叶，色绿褐似铸铁；芽隐伏于叶中，茶之清香飘浮。以 100 摄氏度沸水注入长筒玻璃杯中，待其冷却至 90 摄氏度左右，投入适量的干茶，可见叶片在杯中沉浮，渐渐芽叶显现，呈现春草茵茵之景色；汤香为春花之芬芳穿行于茶之清香中；汤色青绿淡黄。待茶汤冷却至 45—55 摄氏度品饮之，汤中有茶香，汤味浓醇，茶鲜味饱满；茶底嫩绿微黄，明亮匀整。

老竹大方之干茶色浓墨重彩，茶汤味醇厚浓爽，香馥郁芬芳，在以清淡、清雅、清丽见长的绿茶中独树一帜，如同具有一身威猛之气的关东大汉，手执丈八长矛，策马闯进了细雨霏霏、杨柳依依、杏花点点的江南春色中……

茶语

横刀立马闯天下。

乐
昌
白
毛
茶

　　乐昌白毛茶产于广东省韶关市乐昌市，主要以经改良的引进大叶种茶树之嫩叶为原料，为乐昌市特产，也是广东省名茶和中国历史名茶。因原产地和主产地在乐昌，青叶满披白毫，如霜覆于上，故被命名为乐昌白毛茶。又因其芽叶幼嫩，干茶有锋尖，核心产区在乐昌沿溪山，故又被称为乐昌白毛尖或沿溪山白毛尖。

　　乐昌白毛茶以采摘于清明至谷雨初展的一芽二叶之青叶为原料，干茶为条索状，芽苞壮硕，披覆白茸毫，叶片肥厚，色绿中闪黄，香为南岭绿茶之春茶特有的飘荡着清新之气的茶叶醇香。

以 100 摄氏度沸水冷却至 85—90 摄氏度冲泡，茶汤色微绿明亮，茸毫纷纷落于汤中后，又有如春山雾色朦胧；香以南岭绿茶春茶之饱满的茶叶醇香为主香，带着春山野花野草的清新和芬芳；味纯净爽滑，茶鲜味明显，微涩，回甘充实；茶底鲜亮匀净。

产于沿溪山的沿溪山白毛尖有较悠久的历史，在清代，曾上贡皇室。目前，乐昌白毛茶的树种主要是近几十年来从外地引进后经本地改良的树种。经多年努力，乐昌白毛茶已成为南岭佳茗的一大代表，享誉省内外，远销欧美和日本等地。

品乐昌白毛茶，宜观与品并行，如此，一种春山春雾中闻香寻胜景之意境油然而生。

茶语

春日春雾中，闻香寻胜景。

# 雷公山银球

    雷公山银球发源于贵州省雷山县，主产区为雷山县的雷公山国家自然保护区，以福鼎白茶茶树或龙井绿茶茶树的青叶制成，20 世纪八九十年代创制成功。因外形为圆球形，且有白毫显露，产于雷公山，故称雷公山银球。又因雷公山位于雷山县，故又称雷山银球茶。

球茶是中国茶品中独特的茶型，制作工艺较复杂。就雷公山银球而言，其以种植在雷公山区海拔 1000 米以上的高山上的茶树之一芽两叶的青叶为原料，经高温炒制，利用炒制所产生的茶胶的黏合作用，手工将茶青搓揉成球体，再进行烘干，制成球状茶品。雷公山银球一般每颗直径为 20 毫米左右，重约 2.5 克。

雷公山银球干茶色泽嫩绿鲜润，香如江南三月细雨中的花草香，清新柔甜，温润芬芳，如一颗颗小香包，十分可爱。取一颗银球入杯，以 100 摄氏度沸水冷却至 90—95 摄氏度冲泡，随着叶片的展开，花草的清甜香沁人心脾，江南四月天的美景如画卷般在脑中展开。雷公山银球的茶汤为绿黄色，明亮清澈，芽毫尽显，似江南早春时倒映着岸边朵朵野花的一池春水；茶味厚而滑顺，鲜而爽，涩后的回甘醇而悠长；而随着茶汤入口，一种新鲜板栗仁的柔香从中泛出，以板栗香为主香，以花草香为辅香合成雷公山银球茶汤入口后特有的香味，给人一种山野春景的茶意；茶底嫩叶匀整，润绿成一片春意盎然。

雷公山银球茶味悠长，香气悠长，宜用工夫茶一冲一饮的方式品饮，方能浓淡适宜，变化渐进，更得佳茗之无穷回味。

茶语　　一种茶就是一种相思。

六
安
瓜
片

六安瓜片产于安徽省六安市大别山区，以绿茶茶树之新叶制成，为六安市特产和安徽省名茶，也是中国传统名茶。因其茶品叶片为单片，呈瓜子形，故称瓜片。

六安产茶、制茶历史悠久，所产之茶，唐代称庐州六安茶（唐时六安属庐州），明时称六安瓜片，均为上品。有专家考证，今之六安瓜片是在六安茶中的齐山云雾茶品基础上发展而来的（齐山为大别山区一座山的名称），创制于清朝中叶，后因品质上乘，成为贡品，并扬名国内，远销国外。

六安瓜片是中国绿茶中唯一的无芽叶、叶片无梗的单片茶茶品，其以采摘自谷雨前10天至小满时初展的青叶为原料，所采之叶求壮不求嫩。旧时茶农采摘一芽二叶或一芽三叶之青叶后，再去掉芽蕊，留下叶片，现在茶农则直接采摘已展开（俗称"开面"）的叶片，然后通过特有的加工工艺，形成茶品独具特色的单片瓜子形，以及特有的色、香、味。

六安瓜片干茶为单片，外形为瓜子形，叶片平直，微卷，色墨绿，清新的茶香中透着幽幽的花香，如旧时大家族中的一位少妇，头上簪着不知名的春花，在后花园小湖边的曲径上闲适地走过。以 100 摄氏度沸水冷却至 90—95 摄氏度冲泡，茶汤色清澈明亮，嫩绿中闪着微黄的光，如初升的春阳斜照在新草初生的草地上；茶香以绿茶之香为主香，绿茶春茶的清新中跳跃着花香，令花的芬芳变得清新而清爽，如一位洗尽铅华的美丽少女，在春风中欢跳在花海里；味滑爽润醇，鲜味明显，甜味悠长，如一位操劳半生后安享晚年的老婆婆，笑看着孙儿们在春光下嬉戏，幸福而安详；茶底深绿匀整，叶片铺陈于杯底，仍有暗香浮动。

茶语　　家中有女即为安。

绿
雪
芽

绿雪芽有两类，一为白茶，一为绿茶。其中，白茶类为中国传统名茶。据传说，在唐代，茶人们在百姓的请求下，商定将产于福建福鼎的白茶中的白毫银针命名为绿雪芽。故，至今人们仍会以"绿雪芽"这美名称呼白毫银针中的佳品。绿茶类为新研制的茶品，经多年努力，如今也已成为福建绿茶的一大代表性茶品。

无论是白茶还是绿茶，绿雪芽均产自福建省福鼎市和相邻的政和县，均以品种名为大白毫的白茶茶树的幼芽嫩叶为原料。所不同的是，绿茶类绿雪芽多了一道杀青工序，是不发酵茶——绿茶。

　　绿雪芽（绿茶类）以清明前后采摘的一芽一叶青叶为原料，要求鲜嫩匀整、无杂质与杂叶。制成的茶品干茶条索秀丽微曲，如碧玉般的叶片上覆盖着一层白毫，如薄雪掩绿叶，这也是其被命名为"绿雪芽"的缘由；茶香是绿茶特有的清香夹着初春的花草幽香。以100摄氏度沸水冷却至90摄氏度左右冲泡，茶汤色泽嫩绿，清澈透亮，如一块上好的冰种翡翠静卧在茶盏之中；香气如兰，那种春兰的芬芳随着沸水的注入溢出盏外，在房间中弥漫，而春茶的清香则如柔风，穿行在春兰的雅香之中，形成绿茶类绿雪芽特有的清新芬芳之茶香；味鲜爽而顺滑微醇，有一种魏晋时期士人特有的飘逸感，微涩，回甘纯净而绵柔；茶底匀整嫩绿。饮后韵味绵长，齿颊留香。

　　这款茶品给人一种温文尔雅、清新飘逸之感，饮后只觉"君子之风"4字油然而生。

茶语 | 君子之风。

# 绿 杨 春

  绿杨春产于江苏省扬州市仪征市，以绿茶茶树之幼芽嫩叶制成，为仪征市特产，也是江苏省名茶。因该茶产自扬州地区，扬州历来有绿杨城郭之称，而绿茶中以春茶为上品，故该茶品被命名为绿杨春。

  仪征产茶、制茶历史悠久，早在唐、宋时期就是国内名茶主产区之一，所产茶品在宋代又被列为贡品。以传统为基础，绿杨春于 20 世纪 90 年代初研制成功，经多年努力，成为江苏省名茶且享誉全国。

  绿杨春以清明前后至谷雨前后采摘的绿茶茶树之一芽一叶初展之青叶为原料，其干茶为条索状、色翠绿，形似初春新发的柳叶，挺直秀丽；有江南春茶新茶特有的清新香气，夹着春草春树的草木清香。置适量茶叶于

长筒玻璃杯中，以100摄氏度沸水冷却至85摄氏度左右冲泡，绿叶翻飞后，杯底芳草萋萋，水面绿柳依依，茶汤色青绿，明亮清澈，一派"绿杨城郭是扬州"的意境；汤香是绿茶的清香夹着春草的清香，还有微微的水果香飘落其间，清雅、馥郁而悠长；汤味醇而滑，鲜而爽，有微微的回甘；茶底嫩绿，匀整秀丽。

品绿杨春茶，如入绿杨城，给人一种清丽而奢华的双重感受。其具有一种旧时书香传世之家的气质，让人回味无穷……

茶语

清丽与奢华的融合。

# 麻姑茶

　　麻姑茶产于江西省南城县麻姑山,以绿茶茶树青叶制成,为南城县特产,也是江西省名茶。麻姑山是道教三十六洞天中的第二十八洞天、七十二福地中的第十福地,麻姑山所产之茶被统称为"麻姑茶"。

　　麻姑茶作为历史名茶,具有悠久的历史:在被后世称为茶圣的陆羽所著《茶经》中就有所记载;至宋代闻名天下;至清初,成为皇室贡茶。

麻姑茶青叶芽叶肥壮，色绿，上覆浓密的白毫。以一芽三叶制成的干茶条索紧致挺直，色深绿，覆盖着一层经加工倒伏的浓厚的白毫，在深绿色的茶色上有银灰色的光亮闪耀；香为典型的南方绿茶香，雅而悠长。以100摄氏度沸水冷却至85—90摄氏度冲泡，汤色翠绿，清新明亮；汤香仍为典型的南方绿茶的清香，清纯、雅致、干净而悠长，如一缕清爽的春风吹拂而过，留下缕缕清香；汤味醇厚滑润，微涩，回甘幽而悠，茶鲜明显，构成甘中有鲜、鲜中有甘的独特汤味，回味无穷；茶底清爽匀整，芽叶鲜活绿润。

饮麻姑茶，如春日入春山，迎着清新的春风而行，长发飘飘，衣袂飘飘，放声高歌，舞之蹈之，惬意无限，快意无限。

茶语 ｜ 快意人生。

# 茅山青峰

茅山青峰产于江苏省常州市金坛区，以绿茶茶树之嫩叶制成，为金坛区特产，也是江苏省名茶。因主产地原茅麓镇位于著名的茅山山麓，茶品挺秀如峰，青翠如峰，故称茅山青峰。

金坛有悠久的产茶、制茶历史。以此为基础，茅山青峰于20世纪40年代研制成功并开始商品化生产，原名为"旗枪"。为突显该茶品产地特色，20世纪80年代改为现用名。

茅山青峰干茶外形扁平修长，挺直如剑；色泽青翠，如雨后青山绿润光亮；茶香清爽而馥郁。以100摄氏度沸水冷却至85—90摄氏度冲泡，汤色莹绿透明，如被逆光穿透的春叶；香为江南绿茶春茶特有的清香中夹着

芬芳的花香，清新而雅致，清爽而悠长；味醇厚滑润，茶鲜味饱满，淡淡的回甘长久地萦绕在口中；茶底鲜嫩润亮，匀整洁净。

　　观名，品茗，茅山青峰给人一种搏击后的放松、战争后的和平之感。这是一款能让疲惫紧张的心舒缓平和的茶。

茶语

刀枪入库，马放南山。

湄潭翠芽

　　湄潭翠芽产于贵州省遵义市湄潭县，以绿茶茶树之青叶制成，为湄潭县特产，也是贵州省名茶。

　　湄潭为传统产茶区，历史上就生产湄潭茶佳品。1943年，科研人员以湄潭苔茶群体种的青叶为原料，仿照西湖龙井的工艺，试制成功湄潭茶新茶品。1954年，湄潭县将该款茶正式定名为湄潭翠芽。后又经不断改进，湄潭翠芽品质更佳。

　　湄潭翠芽干茶扁平光滑、秀丽挺直，形似剑鞘（也有人称其形似葵花子），一头圆、一头尖；色泽翠绿，茶香为板栗香，清新芬芳。

以 100 摄氏度沸水冷却至 90—95 摄氏度冲泡，长筒玻璃杯中叶片上下翻飞，如蝶穿百花间，轻盈曼妙，有繁花旋飞。湄潭翠芽的茶汤翠色明亮，有微黄在汤中闪耀，如初春时偶遇早开的迎春花在一大片翠叶中摇曳；汤香馥郁而清新；汤味醇厚清爽，微涩有回甘，鲜爽味明显，茶鲜味与茶回甘味一起长留齿颊舌尖，茶味十分悠长；茶底匀整，明翠，微黄嫩绿，如山野初春之景。

茶语

春在远山，远山在心中。

# 蒙 顶 茶

　　蒙顶茶产于四川省雅安市名山区的蒙顶山，以绿茶茶树的青叶制成。因茶品众多，蒙顶茶可以说是一个系列茶品或一款品种性茶品，中国传统名茶也在其中。

　　蒙顶茶历史悠久，声名远播，"扬子江中水、蒙顶山上茶"为绝配。蒙顶茶是令自古至今的茶人们神往的一泡茶饮，而蒙顶山上那 7 棵据传说是汉代茶人吴理真所种植的仙茶树，更是一种神话般的存在。蒙顶茶在唐代即是贡茶，后来成为皇室的祭祀茶，民众极少得以品饮，因此，更具有神秘色彩。

　　1958 年，蒙顶山大面积开荒，种植茶树，建立茶叶基地和茶场。从此，蒙顶茶进入百姓家，成为寻常茶客的盏中之物。

就总体而言,蒙顶茶春茶新茶外形紧卷,白毫浓密,绿中显黄,花香明丽。以 100 摄氏度沸水冷却至 90—95 摄氏度冲泡,汤色翠绿微黄,有一种柔柔的幼嫩感;汤香为春末夏初田陌上野花野草蓬勃生长时的花草香,清新明丽;汤味纯净,醇厚鲜爽,回甘悠长;茶底嫩而绿,芽叶秀丽。

饮蒙顶茶之春茶,如入春之境,春意盎然,春景如画。

茶
语
　　一则神话,成了现实。

# 莫干黄芽

　　莫干黄芽茶品有两类，一为绿茶类，一为黄茶类，均产于浙江省湖州市德清县，为德清县特产，也是浙江省名茶，其黄茶类茶品为中国传统名茶。莫干黄芽均以绿茶茶树当年春天新生之芽叶制成。因其所属茶树新生之芽叶为黄色，又因其主产地为莫干山，故称"莫干黄芽"。

　　莫干黄芽中的绿茶类茶品干茶条索细紧秀雅，茶色嫩润，清香宜人。取一小撮干茶入口细嚼，一股新竹嫩笋的香气弥漫口中，一种春笋的甜鲜味在舌尖萦绕，与众不同的竹之雅韵令人难忘。以100摄氏度沸水冷却至90摄氏度左右冲泡，茶汤色嫩绿微黄，似江南初春新草蔓蔓中开着一两朵不知名的小黄花；香以一夜春雨后大竹海中清新甜爽的新竹嫩笋香为主香，携带着江南春茶特有的清香和江南初春山林中野花野草的芬芳；味醇滑，茶之鲜味夹着春笋之鲜味，微涩，有回甘且悠长；茶底齐整，嫩绿明亮。品饮绿茶类莫干黄芽，犹如春日在竹海中漫步，清新宜人，清雅宜人。

　　鱼钩状莫干黄芽（绿茶）嫩芽细叶如供儿童垂钓玩耍的鱼钩，小小的，细细的。将其置于长筒玻璃杯中冲泡，细小嫩绿如鱼钩的茶叶上下跳跃翻动，

如急于收获的稚童不时地提钩观看、垂钓下钩，一派热闹。过后，随着水的浸润，叶片慢慢展开，沉入水底，构成一片恬静的春之绿野。观看这一过程，也可谓是品饮莫干黄芽的一大茶趣！

莫干山有悠久的产茶、制茶历史。早在晋代，就有僧人上山采摘茶青后制成茶品。至明代，莫干黄芽更是名扬国内，成为中国名茶之一。不过，那时的莫干黄芽均为黄茶类，绿茶类的莫干黄芽是当地茶农在 20 世纪 80 年代，以独特的"火里抢金、定色挥香"的工艺创制成功的。经 30 余年的发展，绿茶类莫干黄芽已获得人们的普遍认可，成为浙江名茶之一，并与黄茶类莫干黄芽一起，以"莫干黄芽"的统一名称成为国家农产品地理标志登记保护产品。

茶语　　春风又度，老树新花。

# 南山寿眉

南山寿眉产于江苏省常州市溧阳市，以绿茶茶树之初展的幼叶嫩芽制成，为溧阳市特产，也是江苏省名茶。因产自溧阳南部山区，干茶茶形似神话中老寿星长长的眉毛，故得名"南山寿眉"。

溧阳不仅有悠久的产茶历史，还有悠久的蚕丝生产、制作历史，有"丝府茶乡"的美称。被后世称为茶圣的唐代陆羽所著《茶经》中有溧阳茶的记载；明清时，溧阳茶被列为皇室贡茶。1986年，南山寿眉研制成功。经多年努力，该茶已成为享誉国内外的佳茗。

南山寿眉鲜叶形似兰花，叶肉玉白，叶脉翠绿，似和田美玉，温和而润泽。南山寿眉以清明至谷雨前初展的一芽一叶或一芽二叶为原料制成，干茶条索略扁微弯，色翠绿，披覆白毫，形似寿星之长眉；

绿茶特有的清香中有竹林的竹香飘浮。投茶于玻璃杯中，以 100 摄氏度沸水冷却至 85—90 摄氏度冲泡，茶色青碧明绿，如春光明媚的江南青山绿水。其间，玉白色的叶片在杯中飘浮摇曳，如只只玉蝶翩翩飞舞在一片春色之中。汤香以绿茶的茶之清香和竹林的竹之清香融合成主香，一缕春花之清香穿行其中。茶香悠长，令人进入无限春光之中。汤味醇滑鲜爽，有回甘，茶底嫩绿，匀整洁净。品饮南山寿眉，能让人更深切地认知和体会到何为江南春之清新，何为江南春之清雅。

据说，以地处溧阳的天目湖之源头泉水冲泡南山寿眉是为一绝，如以虎跑泉水泡西湖龙井一样，更能得此茶之真味和佳味。如此，泛舟天目湖上，用天目湖源头泉水冲泡一盏南山寿眉，细赏之，细品之，当是人生难得的幸事。

茶语

春光无限好，静待寻春人。

# 普 陀 佛 茶

  普陀佛茶产于浙江省舟山市普陀山，以绿茶茶树之青叶制成，为浙江省名茶。因普陀山为中国佛教四大名山之一，该茶曾专门用于给观音菩萨上供，故该茶品被命名为"普陀佛茶"。普陀佛茶的种植地云雾缭绕，而

普陀佛茶干茶头部如蝌蚪，尾部如凤尾般展开，所以，普陀佛茶又名普陀山云雾茶、凤尾茶。

普陀山已有1000多年的产茶历史，其所产之茶曾被古人称为难以多得的好茶，并在清光绪年间被列为贡茶，在1915年巴拿马万国博览会上获奖。

普陀佛茶以茶树在春天新展的一芽一叶为原料，制作工艺除了绿茶常有的摊青、杀青、炒制等，多了揉捻、烘焙这两道工序，故而普陀佛茶虽为绿茶，但有着与一般绿茶不同的外形与茶味。普陀佛茶干茶的外形"似螺非螺，似眉非眉"，如蝌蚪般圆头细长，尾部如凤尾展开，令人想起青茶（乌龙茶）类中的铁观音，但其又比铁观音细小轻柔，有一种轻灵之感；色为淡墨绿色，有白毫披覆于上；茶香为绿茶的清香中夹着盈盈的花的柔香，似兰非兰。

以100摄氏度沸水冷却至85—90摄氏度冲泡，汤色鹅黄淡绿，有一种江南春天的柔美之感；汤香为绿茶的清香与似兰非兰的花香融为一体，后清香转淡，花的芬芳成为主香，直至茶尽，齿颊留香；汤味先为清爽润滑，后转醇滑润顺，微涩，回甘悠长，汤与香伴，回味绵绵；茶底嫩绿，匀整洁净。

品普陀佛茶会令人入禅思，令人生茶悟。饮后，一种思考有所得的快乐飘扬在心中。这是一款能让人感悟生活和生命的好茶。

茶语

有一种快乐叫如愿，更有一种快乐叫知足。

# 仁化银毫

　　仁化银毫产于广东省韶关市仁化县，以福鼎大白毫茶树之幼芽嫩叶为原料制成，为仁化县特产，也是广东省名茶和中国历史名茶。因主产于仁化，叶片上银毫密布，故被称为仁化银毫。也因此，该茶古时被称为白茅茶，今又被称为白毛尖。

　　仁化银毫创制于明代，在清代中期被列为贡茶。旧时，其干条外形为弯曲状，且较蓬松，似兰叶舒展。现今由于工艺的改变，在保留了原有品质的基础上，该茶干茶外形由曲转直，由蓬松转紧致。

仁化银毫以春分至谷雨后 5 日采摘的一芽一叶初展为原料，其干茶条索挺直，芽硕壮，白毫密布，绿茶的雅香中有春兰的幽香闪动。以 100 摄氏度沸水冷却至 85—90 摄氏度冲泡，茶汤色轻绿淡黄，明澈透亮；香是绿茶香加春兰香，兰香芬芳，沁人心脾；汤味滑润鲜爽；茶底鲜嫩润泽，匀整成朵。

　　银毫茶是"仁化三宝"（兰花、香菇、银毫茶）之一。兰花以其雅香成为花中珍品，香菇以其醇鲜成为菇中佳品。仁化银毫集二者所长，以特有的兰香茶鲜，加上特有的外形（芽壮，毫浓密），成为茶中佳茗。古人因梅、松、竹傲立雪中，故将其并称为"岁寒三友"，而兰、菇、茶历来为文人所好，此间将"仁化三宝"称为"文人之友"，想来当无大谬。

茶语

文人之友。

# 日照雪青

日照雪青产于山东省日照市，以绿茶茶树青叶制成，为日照市特产，也是山东省名茶，在国内享有盛誉。因山东地处长江以北，故该茶又被称为"北方第一茶"。

日照市自 1966 年南茶北移获得成功。1974 年冬，日照普降大雪，雪盖茶树，直至来年春天才融化。春暖花开时，茶园一片青翠，该茶品便被命名为雪青，后又被统一命名为日照雪青。

日照雪青以严冬过后春天新生长的第一茬新叶中的一芽一叶为原料制作，芽头肥壮，叶片肥厚。其干茶条索紧细，色泽翠绿，白毫显露，茶香浓郁而清新。

以 100 摄氏度沸水冷却至 90—95 摄氏度

冲泡，茶汤色明绿，花草香馥郁持久，茶味厚醇滑爽；茶底翠绿亮润，匀齐洁净。

日照雪青茶叶中的儿茶素和氨基酸的含量较高，形成其与南方绿茶不同的茶味，与儿茶素和氨基酸含量相关的保健养生功效也更为明显。

茶语

困境何尝不是良机。

# 双井绿

　　双井绿产于江西省九江市修水县，以绿茶茶树之青叶制作。因原产地位于修水县坑口乡双井村山崖下，崖下有自然形成的两口井，故以地名冠之，称其为双井绿。双井绿为修水县特产，也是江西省名茶和中国历史名茶。

　　修水县的产茶、制茶始于唐，盛于清，所产绿茶旧称双井茶，与修水县的另一特产"宁红"（红茶）一起，享誉国内。双井茶之盛名远播，除了品种优良、制作精细、工艺独特外，更是与北宋时期以当时著名的诗人、书法家黄庭坚为代表的修水进士们的大力推介紧密相关。以黄庭坚为例，他入京都后，经常将家乡产的双井茶送给当时在文坛、政坛均颇具盛名的欧阳修、苏轼、司马光、梅尧臣等，赠茶时还往往附诗一首，而这些文坛、政坛高层人士对双井茶的好评，尤其是在答谢诗中的赞美之词从官场到坊间的流传，更是极大地提升了双井茶的知名度和美誉度，使双井茶成为人们口口相传的高档佳茗。后因社会变迁，双井茶走入低谷，至 20 世纪 70 年代后期重新恢复传统工艺生产，更名为双井绿，重又扬名省内外。

双井绿以绿茶茶树之幼芽嫩叶为原料，或一芽一叶初展（特级），或一芽两叶初展（一级），用蒸气杀青后再用焙笼烘焙，制成干茶。双井绿干茶条索圆紧，锋苗弯曲，诗人形容其形如凤爪（鸡爪），银毫显露，绿茶香中夹着花草的芬芳。以 100 摄氏度沸水冷却至 90—95 摄氏度冲泡，汤色亮绿明澈，如一汪春水，宁静而雅丽；汤香馥郁，茶香阵阵，花香阵阵，而这花香是夏末的花香，芬芳而富有穿透力，直入肺腑；汤味爽厚醇润，茶鲜味明显且持久，茶味厚实饱满；茶底嫩绿、均匀、齐整、纯净。

双井绿高扬的汤香如同为这茶所做的盛大的宣传，令其天下闻名。以宣传助力，茶如此，其他的又何尝不是如此？

茶语

成功之路上，宣传是重要的助力。

松
萝
茶

　　松萝茶产于安徽省黄山市休宁县，以绿茶茶树（以本地群体种为主）之幼芽嫩叶制成，为休宁县特产，也是安徽省名茶和中国传统名茶。因主产地是休宁县的松萝山，故被称为松萝茶。

　　松萝茶创制的历史可追溯至明代中叶。当时，一位曾居苏州虎丘，熟知虎丘茶制作工艺的僧人来到松萝结庵，将虎丘茶种和种植、制作等技术带到当地，成功创制松萝茶。因色绿、香高、味浓之特点，松萝茶一经问世便广受好评，成为天下闻名的好茶，至今仍美名流传。

　　松萝茶以谷雨前后初展的单芽、一芽一叶、一芽二叶、一芽三叶之幼芽嫩叶为原料，并根据芽叶幼嫩度，分别制成针形茶（单芽）、条形茶（芽叶茶）和曲形茶（芽叶茶）。相比较而言，针形茶干茶细尖，紧致挺秀，锋苗显露，上覆白毫，清新的茶香中有微微的果香飘浮，

色翠如初春之春山；条形茶条索紧致，细长秀丽，白毫显露，茶香与果香融为一体，色绿如仲春之春山；曲形茶芽叶略卷曲，叶边稍圆，匀壮，显毫，色深绿如暮春之春山。

以100摄氏度沸水冷却至85摄氏度左右（针形茶）和90—95摄氏度（条形茶与曲形茶）冲泡，针形茶汤色嫩绿浅黄，清澈明亮；香清新，果香与花香穿行于绿茶的清香中，茶味爽而醇，茶之鲜味明显，涩味显，回甘幽而悠长；茶底幼嫩肥壮，匀整明亮。条形茶汤色青碧微黄；清新的茶香中夹着浓浓的花香和果香；味浓而润，涩味显，茶之鲜味与回甘融于口中，与悠长的茶香一起，令人进入"追忆似水流年"的意境；茶底嫩绿明亮，叶片匀整秀丽。曲形茶汤色绿翠，润泽鲜亮；香以花香和果香为主香，茶香的清新飘浮其中，芬芳馥郁，清丽宜人，茶香悠长；味醇而浓，润而厚，鲜而爽，涩味重，回甘饱满；茶底鲜绿匀齐。

以色绿、香高、味浓为基础的"三重"，即色重、香重、味重，是松萝茶的特色，而这一特色的核心是似橄榄而非橄榄：如橄榄的青绿色，如橄榄的青涩香，如橄榄的青涩后回甘。故而，品松萝茶如同嚼橄榄一样，让人回味无穷。

茶语　　苦尽甘来。

太平猴魁产于安徽省黄山市，以绿茶茶树之嫩芽叶制成，为黄山市特产，也是安徽省名茶和中国传统名茶。因黄山市黄山区原名太平县，故该茶所冠地名为"太平"。

太平县有悠长的产茶、制茶历史。据传说，清代咸丰年间，茶农郑守庆与其他茶农一起，研制成功一款被命名为太平尖茶的茶品，这就是太平猴魁的前身。清光绪年间，受茶商的启发，当地茶农王魁成（俗名王老二）选优质鲜叶制成精品太平尖茶。该茶作为太平尖茶中的上品，以"王老二魁尖"之茶名，受到茶人的广泛好评。因该茶品质上乘，叶形粗壮，创制人名中有一"魁"字，原料来自太平县猴坑、猴岗一带，茶商以更为响亮的"太平猴魁"之名替代了该茶的原名进行销售，进而使太平猴魁誉满全国。随着1915年在巴拿马万国博览会上获金质奖章，太平猴魁也走出国门，走向世界。

太平猴魁以采摘于谷雨至立夏间的一芽二叶初展

（二级及以上）、一芽三叶初展（二级以下）之嫩芽叶为原料，青叶粗壮肥大，色绿润，白毫隐伏。制成干茶后，外形扁平，两端坚挺，魁梧壮硕，色暗绿，叶抱芽，毫多而隐，俗称"猴魁两头尖，不散不翘不散边"。叶片主脉更有独特的绿中隐红之色，被称为红丝线。而鲜嫩、鲜醇的干茶香中，也有丝丝缕缕的兰花香飘浮。

以100摄氏度沸水冷却至90—95摄氏度冲泡，太平猴魁汤色青碧，透亮明澈；香为绿茶的清香中透出幽幽的春兰馨香，雅致而温润；味柔而醇，润而顺，鲜而爽，入口即有的甜味十分明显，回味悠长，而哪怕坐杯时间再长，茶味亦无苦涩之感，甘甜味则加浓；茶底绿嫩肥壮，芽叶成朵，匀齐洁净。

目前，太平猴魁的产区有核心产区（内山）和非核心产区（外山）之分。相比较而言，以核心产区鲜叶制作的茶品特征更明显，色香味俱佳。

叶粗壮肥大（一般长达5—7厘米）、兰花香、清鲜醇柔、甜味、红褐色叶片主脉等为太平猴魁的特征，而叶片的肥大与茶香之兰香阵阵、茶味之清雅甘鲜之间的刚柔差异，也往往会使初饮太平猴魁者产生奇妙的茶感，体悟到一种类似于父爱的茶意：以刚猛表达关怀，以威严倾注柔情，以注视传递赞赏。

茶语　｜　传统的中国式父爱。

泰山女儿茶

　　泰山女儿茶产于山东省泰安市，以绿茶茶树之青叶制成，为泰安市特产，也是山东省名茶。因主产区在泰山，故名泰山女儿茶。

　　女儿茶的名称来历，据说与清代乾隆皇帝有关。据传，乾隆皇帝某次下江南途中路过泰安时，突然想喝泰安的好茶，但当时泰安并不产茶。情急之下，当地官员想起平时百姓用来解渴防暑的青桐木树叶水，便找了若干少女到泰山深处去摘青桐木树嫩树叶，冲泡给乾隆皇帝喝。乾隆喝后满意地问道：这是什么茶？官员急中生智答：女儿茶。从此，"女儿茶"作为一种饮品名称流传下来。在当地开始生产以绿茶茶树之青叶为原料的炒青绿茶后，该茶品被冠以"女儿茶"之名，女儿茶成为真正的茶品。而随着产量的增加和质量的提高，女儿茶也成为泰安的特产，以及山东的名茶之一。

　　泰安于1966年南茶北移成功。从那时起，女儿茶才成为真正的茶品。女儿茶为北茶，与一般的北茶相似，青叶具有芽叶肥壮、嫩叶肥厚的特征。女儿茶以一芽一叶的青叶为原料，干茶条索曲卷紧实，深墨绿色，清香宜人。女儿茶的冲泡较为讲究：一要清澈甘洌的山泉水，尤以泰山泉水为最佳。二要把水温控制在85摄氏度左右。水温太低，泡不出适宜的茶味；水温太高，嫩叶嫩芽被泡熟，茶味少清香；三要用内壁为白色的瓷杯或筒状玻璃杯，以观茶汤的色及茶叶的形态变化。

取干茶5—8克入杯，以100摄氏度沸水冷却至85摄氏度左右（相差不超过1摄氏度）冲泡，茶汤清澈透亮，有绿意荡漾；芽叶慢慢由深绿转新绿，青翠柔嫩；汤香为产于泰山的醇醇的板栗香，故泰山女儿茶也被人称为"茶中板栗"；汤味醇滑，茶香入水，饮后满口余香。随着水的浸润和冲泡，干茶在水中旋舞，茎叶慢慢展开，如一群美丽的少女在四月阳春的绿草地上轻歌曼舞；茶底青绿，芽叶秀丽。泰山女儿茶每道水后的出茶时间较长，需1—3分钟，适宜一冲一饮，也很耐泡，与一般的南茶3道水后即有水味不同，泰山女儿茶直到6道水后，才出现水味，8道水后，茶味才淡去。

目前，除了以绿茶茶树青叶制作的女儿茶外，在泰山深处的山民家中，有时也会有自家用特产于泰山的青桐树嫩青叶制作的女儿茶，即原始的女儿茶。据说，用泰山甘泉水冲泡的这一原始女儿茶，汤香浓郁，汤味甘滑醇厚，饮后神清气爽，身心舒泰。能喝到这一女儿茶的人，当是颇有茶缘和茶福之人！

茶语

雄伟威武深处的一种柔软娟秀。

# 天目湖白茶

　　天目湖白茶产于江苏省常州市溧阳市，以绿茶茶树之芽叶制成，为溧阳市特产，也是江苏省名茶。因是绿茶白化而成，青叶嫩绿淡黄，叶片薄而透明，故称白茶。而又因主产地在溧阳的天目湖一带，又被冠以"天目湖"之名，被命名为天目湖白茶。

　　溧阳有悠久的产茶、制茶历史，其中的天目湖白茶始于宋、元时期，兴于明、清时期，至民国时期逐步衰落。在 20 世纪 70 年代末，茶产业成

为溧阳的重点产业；至 20 世纪 90 年代，天目湖白茶从农户的零散生产扩大为企业化、规模化生产，产量和质量都有了较大的提升。经多年努力，天目湖白茶已进入江苏省名茶行列，在省内外享有美名。

天目湖白茶干茶外形细秀扁平，色泽嫩绿微黄，茶香清新而鲜爽，如春日竹林之风。以 100 摄氏度沸水冷却至 85—90 摄氏度冲泡，茶汤色微绿如玉，清澈透亮；香以江南绿茶春茶特有的清香为主，夹着春竹的清爽、清甜之香，还有微微的板栗香；味润而醇，清而爽，鲜而甘。尤其是绿茶特有的鲜爽味，较之其他绿茶更为明显和悠长，鲜爽度也更高。饮之，有喝用新采摘的小青菜加新剥的毛豆粒煮成的青菜毛豆汤之感，鲜美无比；茶底嫩绿成朵，匀整秀丽。叶片较薄，迎光照之，透出一片光明。

相较于非白化类绿茶，天目湖白茶汤色较淡，香中有青竹之清新和鲜甜，茶的鲜爽味饱满而悠长；而与作为浙江名茶的安吉白化类绿茶——安吉白茶相似，天目湖白茶鲜爽，茶香清新。相较于安吉白茶，天目湖白茶回甘度较低，但茶味更为醇滑，茶鲜味更为明显，且在绿茶春茶香和春竹的清爽之气外，又多了一些新鲜的板栗之香。

茶语　重生不是为了复仇，而是为了成为更好的自己，成全一种更好的生活。

# 铜陵野雀舌茶

　　铜陵野雀舌茶产于安徽省铜陵市，以当地绿茶优良品种茶树之幼芽嫩叶制成，为铜陵市特产，也是安徽省名茶和中国历史名茶。因主产地为铜陵，原为山野之野茶，干茶外形如雀舌，故被称为铜陵野雀舌茶，简称野雀舌茶。

　　在明代，铜陵野雀舌茶在当地较有名气；至清代，铜陵野雀舌茶畅销芜湖、安庆等当时的繁华之地，并一度上贡皇室。但在民国时期，随着该茶特有的"以生片（新鲜茶叶叶片）置炭火上烘焙"的制茶工艺的失传，

铜陵野雀舌茶在市场上销声匿迹。20 世纪 80 年代后期，在科研人员和茶农的共同努力下，经研制，野雀舌茶得以恢复生产，并于 20 世纪 90 年代前期获得专家权威性论证，重新登上名优绿茶的舞台。

铜陵野雀舌茶以清明后至谷雨后第一叶初展至一芽二叶之青叶为原料，干茶外形扁平，细长如雀舌，色亮翠明绿，春茶新茶之嫩香悠长。以 100 摄氏度沸水冷却至 85—90 摄氏度冲泡，茶汤色嫩绿微黄，清澈明亮；香以春茶嫩茶的清香为主香，带着春草的清新和清爽之气；味爽而滑，茶鲜明显，入口即有幽幽的甘甜；茶底嫩绿润亮，匀齐洁净。

铜陵野雀舌茶给人一种青春年少、朝气蓬勃的茶感，联想到该茶品为当代研制、恢复生产的历史名茶，这茶便有了枯木逢春、老树新花之类的茶意。

茶语

枯木逢春，老树新花。

# 无 锡 毫 茶

　　无锡毫茶产于江苏省无锡市市郊，以从福建引进的无性良种大毫茶茶树之嫩芽叶制成，为无锡市特产，也是江苏省名茶。因其产于无锡，以大毫茶茶树青叶为原料，茶品又披覆茸毫，故名无锡毫茶。

无锡的产茶、制茶、品茶历史源远流长。无锡市郊有著名的惠山，被茶圣陆羽评为"天下第二泉"的惠山泉即在此。惠山的茶品在明代就在文人雅士中颇具盛名。在此基础上，科研人员于20世纪70年代末成功研制无锡毫茶。无锡毫茶问世后，广受好评，并在各类评比中频频获奖，成为江苏省的一大好茶。

　　无锡毫茶的干茶呈略有卷曲的条索状，条索紧致秀美，色翠绿，披茸毫，春草之香构成干茶的主香。以100摄氏度沸水冷却至85—90摄氏度冲泡，汤色翠亮绿明，清澈纯净，如一泓未被世间浊物污染的湖水；香以仲春的春草春花之香为主香，江南绿茶春茶特有的清新雅致之香穿行其中，香气馥郁而悠长，让人生发出"千里莺啼绿映红"（杜牧《江南春》）"万紫千红总是春"（朱熹《春日》）之类的春之联想；味醇滑，茶鲜味明显，有回甘，茶汤润喉舒心；茶底嫩绿，匀整，如茵茵春草铺展于春阳之下。

<br>

茶语

不经意间，春色满园。

婺
源
茗
眉

　　婺源茗眉产于江西省上饶市婺源县，以绿茶茶树春天新生的青叶制成。又因外形如弯弯的秀眉，故称婺源茗眉。

　　婺源有悠久的产茶、制茶历史，在被后世称为茶圣的唐代茶人陆羽所著《茶经》中有婺源产茶的记载。婺源茗眉则是科研人员于 20 世纪 50 年代末优选茶树良种——上梅州品种茶树的幼芽嫩叶，通过改良传统制茶工艺而创制成功的茶品。经 20 多年的努力，在 20 世纪 80 年代初，婺源茗眉被评为中国名茶，如今更是盛名远扬。

　　婺源茗眉以青壮年期茶树在春天新生之一芽一叶青叶为原料，干茶条索紧致，锋苗挺秀，弯曲如眉，色翠绿润泽，白毫显露，有幽幽的兰花香。以 100 摄氏度沸水冷却至 90—95 摄氏度冲泡，汤色嫩绿，清澈明亮；汤香以绿茶的茶香为主，夹着春兰之香，盈盈扑鼻，令人心旷神怡；汤味醇厚，茶鲜味明显，微涩，回甘纯而带有山中清泉的甘冽；茶底匀整明亮。

婺源茗眉汤香，汤味悠长，饮后齿颊留香留味，让人陶醉于茶之回味中。以长筒玻璃杯泡婺源茗眉，看芽叶在水中慢慢舒展、静静沉底；闻茶香如兰，馨香沁人；茶汤入口，醇而鲜，润而甘，后味带着清泉的甘冽。

品婺源茗眉，如入山中空谷绿地，心如鲜花般开放，可谓人入茶境，烦恼皆消，喜乐开怀。

雾里青

雾里青产于安徽省池州市石台县，以绿茶茶树之嫩芽制成，为池州市特产，也是安徽省名茶和中国传统名茶。因其主产地在海拔1000多米的高山上，山上常年云雾笼罩，而茶树则青翠满山，故被称为雾里青。

雾里青茶历史悠长，在宋时被称为嫩蕊，在文人中颇有盛名；在明代被列为贡茶；到清乾隆年间，以雾里青为名，成为国内名茶，并开始远销欧洲。据说，20世纪90年代中期，在瑞典哥德堡港打捞出的于18世纪中叶沉没于此的中国清代商船中，保存完好的瓷罐中仍有可饮用的茶品，此茶就是来自石台县的雾里青茶。

雾里青的原料为绿茶茶树高山云雾茶在清明至谷雨时初长的嫩芽，以嫩芽炒制或从青叶炒制的毛茶中抽取芽蕊再炒制这两种工艺中的一种加以制作。在宋代，以嫩蕊为名的雾里青为蒸青，即以蒸为制作工艺，而在今天，则是炒青，即以炒为制作工艺了。

雾里青为绿茶中少见的芽蕊茶，以特殊工艺制成。

其干茶为略扁的条形，茸毫显露，芽苞肥嫩壮实，色嫩绿微黄，绿茶春茶嫩茶的嫩叶香中带着春草的清香。将适量的茶叶置于长筒玻璃杯中，将100摄氏度沸水冷却至85摄氏度左右冲泡，绿色微黄的芽蕊在杯中上下翻飞，如春光中的黄翅绿蝶翩翩起舞，然后，如春草茵茵，如绿树亭亭，有的浮于水面，有的直立于杯中，有的沉于杯底，恰似一幅原生态亚热带丛林写意画；茶汤色青绿微黄，清澈明亮，是一派鹅黄柳绿的江南春景之色；香是绿茶的嫩香加上高山云雾茶特有的醇香，清爽清新而醇和厚实，如同行过了成年礼的青年，青涩中又带有几分成年人才有的老练；味润醇顺滑，回甘爽口，茶鲜饱满，且始终有一缕带着高山冷清之气的茶味在舌面萦绕，令人想到高山之巅万里冷雾笼罩下的座座茶山、丛丛茶树，想到那片雾里的青翠之色；茶底绿肥黄壮，匀整洁净。

品雾里青，总不免想到皖南深山中那些被浓雾笼罩的茶园茶地；想到古代筚路蓝缕的茶农和茶商，那依然存在但已坑坑洼洼的山中崎岖古茶道印证着他们的艰辛；想到数百年前远渡重洋的装载着雾里青的商船，对国人而言，那个名叫瑞典的国度，至今仍是遥远的。是什么样的缘分，让深山中的雾里青与国人相遇、相识、相知？是什么样的缘分，使得深山里的雾里青跨越千山万水，成为外国人喜爱的饮品？世间万物，有缘相遇，有缘相识，有缘相知，有缘相交。与物如此，与人亦如此。

茶语

有缘千里来相会，相宜方知是良缘。

西
湖
龙
井

  西湖龙井产于浙江省杭州市西湖区，以种植于西湖周边群山之中的龙井茶树之青叶制成，为杭州市特产，也是浙江省名茶和中国传统名茶。

  西湖龙井的春茶以清明前至谷雨前新生幼芽嫩叶为原料，其干茶外形为扁平条状，两叶一芽或一叶一芽，色青绿微黄，扁平光滑，如同一枚岁月的书签。浙江茶业界将此类扁平状绿茶均称为龙井，如浙江龙井、大佛龙井等。

  西湖龙井源自宋代，以西湖边白云山上的茶树栽培、种植发展而成；在明、清两代，经文人传颂，尤其是乾隆皇帝的大加赞誉而成中国一大名茶。西湖龙井的茶汤色绿中漾微黄，如江南一抹初春之柔美；汤香为空谷春兰之香，幽香静雅，有的还带有田野青草的清新之香；汤味滑润醇鲜，微涩有回甘，回甘甜美；茶底幼嫩，柔绿秀丽。故而，西湖龙井素有"四绝佳茗"之称。"四绝"为色绿、香郁、味醇、形美。

西湖龙井春茶宜将 100 摄氏度沸水冷却至 90—95 摄氏度冲泡，一冲一饮更能得其佳味妙香。而以同产于西湖之畔虎跑山上的虎跑水冲泡西湖龙井，其味更是妙不可言，因而，"龙井茶、虎跑水"被称为茶中一绝。

茶
语

你看茶，很近，很近，
你看我，很远，很远。
于是，我在佛前跪求五百年，
终于化作一缕茶香，
飘在你的面前。

仙

寓

香

芽

　　仙寓香芽产于安徽省池州市石台县，以绿茶茶树之嫩芽制成，为石台县特产，也是安徽省名茶。因主产地位于石台县的仙寓山山麓，茶芽细嫩，茶香高爽悠长，故被命名为仙寓香芽。

　　池州市有悠久的产茶和制茶历史，而仙寓香芽则是以传统茶品为基础，于 20 世纪 80 年代末新创制的茶品。经多年努力，如今，仙寓香芽已进入安徽省名茶行列。

　　仙寓香芽以清明至谷雨期间茶树初生的幼芽为原料，制成的干茶外形尖细、挺直、秀丽，嫩绿淡黄，白毫覆于叶上，如覆盖着一层洁白的冬雪；茶香是江淮绿茶特有的清香，有丝丝缕缕的清凉之气飘浮其间。以 100 摄氏度沸水冷却至 85—90 摄氏度冲泡，茶汤色淡绿清亮；香以绿茶之香为主香，夹着春花春草的清新；茶味醇滑清润，入口微甜，且有一种来自高山清凉之地的清冽贯穿于茶味之中，让人有一种清凉、清爽之感，饮后神清气爽；茶底嫩绿匀齐。

　　仙寓香芽的汤色与汤香是春意盎然的，而干茶之色与汤味，又带着冬之雪色和寒凉，不由得令人进入春天忆冬的茶境之中。

春风对冬雪的怀念。

# 小岘春

　　小岘春产于安徽省六安市霍山县，以绿茶茶树之幼芽嫩叶为原料制成，为六安市特产，也是安徽省名茶和中国历史名茶。因此茶品为春茶，主产区是位于霍山县的小岘山，故被命名为小岘春。又因霍山县属六安市（旧称六安州），故小岘春也被称为六安茶。

　　小岘春在明代就颇负盛名；清代时，文人中多有传颂；但在清末民初衰落，乃至工艺失传。从 20 世纪 80 年代中期开始，当地政府成立相关机

构进行挖掘和研制性生产，至 20 世纪 80 年代晚期，在茶学专家和制茶人的共同努力下，小岘春试制成功，并获相关部门颁发的名茶证书。

小岘春以清明至谷雨前茶树之一芽二叶初展的青叶为原料，以绿茶加工常有的摊青、杀青、做形、烘焙 4 道工序制作，但其做形工艺有别于其他绿茶：茶工用高粱秸制成的茶帚，巧用腕力，在茶锅中翻扬、拍打，使茶叶成形。而也正是这一特殊的制茶手法，使小岘春干茶有了别具一格的形状，茶韵也有别于其他绿茶。

小岘春干茶为扁平状，形似带叶竹枝，紧直，锋苗坚挺；色润绿嫩黄，白毫披覆其上；绿茶的清香中有秋天杂粮成熟的气息飘动。以 100 摄氏度沸水冷却至 85—90 摄氏度冲泡，汤色清澈明亮，嫩黄中带润绿，润绿中闪嫩黄；香以绿茶的清香为主香，略带农家柴灶大锅的炊饭香，这使得茶的清香变得醇厚了许多；味醇滑甘爽，茶鲜味明显；茶底嫩润匀齐，绿（叶）明黄（芽）亮。

因着杂粮成熟之香和炊饭之香的穿行，小岘春具有一种旧日农家喜获丰收的茶韵，让饮者仿佛进入了农家的欢乐小康生活。

茶语

农家丰收之乐。

# 信 阳 毛 尖

　　信阳毛尖产于河南省信阳市，以绿茶茶树的青叶制成。

　　信阳毛尖为中国传统名茶。早在唐代，被后人称为茶圣的陆羽就在《茶经》中将今日信阳一带的产茶区称为"淮南茶区"，并对其所产之茶品进行了区分和评价。至 1915 年，信阳毛尖在巴拿马万国博览会上获得金质奖章。之后，信阳毛尖作为中国一大名茶名扬国内外。

　　按采摘季节划分，信阳毛尖可分为春茶、夏茶、秋茶 3 类。其中，春茶是在当年的 5 月底前采摘制作的，按采摘和制作时间，又可分为明前茶（清明之前）、雨前茶（谷雨之前）和春尾茶（谷雨后至 5 月底前）3 类；夏茶为 5—7 月底前采摘制作的；秋茶为 8 月以后采摘制作的，故又被称为白露茶。相比较而言，春茶色、香、味俱佳，但不耐泡；夏茶香气和鲜甘味减弱，苦涩味明显，但十分耐泡；秋茶叶大且出现黄叶，色、香度较低，但出现了特有的醇味，茶味转厚。3 季的茶品可谓各有长短、各有千秋，各有喜爱者。

以春茶为例，信阳毛尖的春茶以芽叶为原料，其芽叶尖如剑锋，白毫显露。制成茶品后，其干茶外形为条索状，细、圆、光、直、色翠绿，多白毫。春草的清香夹着春茶的清香。以 100 摄氏度沸水冷却至 80 摄氏度冲泡，汤色嫩绿，明亮清澈；汤香以春茶的清新雅香为主香，携带着春天山野中野花野草的芬芳，清新而馥郁，是一种十分奇特的茶香，令人陶醉，直到茶尽，杯中仍有香味悠悠；茶味绵滑，茶鲜味明显，微涩，回甘润而悠长；茶底干净匀整，芽叶鲜嫩翠绿。

茶语　龙生九子，各有其性，各有所成。

# 鸦山瑞草魁

鸦山瑞草魁产于安徽省宣城市郎溪县，以当地绿茶优良品种鸦山横纹茶茶树之幼芽嫩叶为原料制成，为宣城市特产，也是安徽省名茶和中国历史名茶。因其主产地位于郎溪县鸦山的南坡，茶在古代又被称为瑞草，该茶品质优良，时为上品佳茗，故被命名为鸦山瑞草魁。又因其产地在鸦山南坡，南坡晴日阳光普照，俗称阳坡，而瑞草魁茶树青叶的特点之一是叶主脉与侧脉之间的夹角颇大，侧脉几成横形，因此，鸦山瑞草魁又被称为鸦山阳坡横形茶、横形茶、鸦山茶。

鸦山瑞草魁在唐代就颇负盛名，时称鸦山阳坡横形茶，历宋、元、明

3 代，一直被人们交口称赞，也曾作为贡品上贡皇室。但自清代开始逐渐衰落，直至几近失传。在 20 世纪 80 年代后期，当地茶农通过回忆和资料搜集，经反复试制，终于恢复了鸦山瑞草魁的生产。在此基础上，经过科研人员和茶农的共同努力，鸦山瑞草魁的制作工艺标准和质量标准得以制定和实施，保证了鸦山瑞草魁的质量。

鸦山瑞草魁以采摘于清明至谷雨前新生长的一芽一叶（特级）至一芽二叶、一芽三叶（特级以下）青叶为原料，其干茶为扁平形条状，挺直如剑，色绿中透翠，清香雅丽。以 100 摄氏度沸水冷却至 85—90 摄氏度冲泡，茶汤色绿青黄嫩，明澈透亮；香为绿茶的清香加春花的芬芳，有春草的清新穿行其间，使茶的高香中有了清新之气，浓郁中增添了几多清爽；味醇滑，鲜味清新爽口，微涩，回甘甜爽；茶底润泽明亮，匀整清爽。

品鸦山瑞草魁，只觉汤色雅而不淡，汤香浓而不艳，汤味虽不厚但醇，虽不浓但和，鲜、爽、甘融为一体，整款茶似取儒家中庸之道而给饮者一种恰到好处之感。

茶语

以中庸之道致恰到好处。

# 阳羡茶

阳羡茶产自江苏省宜兴市，为宜兴一大特产，以绿茶茶树青叶制成。阳羡茶是历史名茶，因宜兴古称阳羡，故被称为阳羡茶。

阳羡茶历史十分悠久，早在东汉就有相关的记载。到了唐代，被后世称为茶圣的陆羽品尝后，赞其"芳香冠也"，"推为上品"，认为"可供上方"。阳羡茶名声大噪后，成为贡茶，深受皇亲国戚、文人墨客的喜爱，成为茶中佳品，乃至珍品。阳羡西南一座无名茶山也因此被称为茗山，"天子须尝阳羡茶，百草不敢先开花"（卢仝《走笔谢孟谏议寄新茶》）成为当时之传说。如今，阳羡茶虽不如在唐代时盛名远播，不像宋、元、明、清之际一茶难求，但在茶人心中，它仍是佳茗的一大代表。

阳羡茶的干茶叶片嫩绿淡黄，嫩芽如笋，白毫明显，茶叶的清香夹着春草的清香。以100摄氏度沸水冷却至90摄氏度左右冲泡，茶汤微绿清澈，如初春湖心清波荡漾；茶香以绿茶春茶的清香加春草的清香为主香，以春花的馨香为辅香，形成特有的茶香，闻之，如入春天芬芳的花圃；茶味醇滑，清雅的茶鲜中带着绿茶特有的植物的甘甜。整款茶给人一种江南俏佳人的感觉：俏丽不失雅致，活泼而知守礼。

据说，近年来到宜兴旅游，以当地的金沙泉山泉水、宜兴特产紫砂壶泡饮一杯阳羡茶，是游客们最喜爱的项目，被称为"茶中三绝"。依靠强大的物流网，如今在家中也可享受这"茶中三绝"了吧。

茶语

源远流长。

# 永川秀芽

永川秀芽产于重庆市永川区，以绿茶茶树青叶制成，为重庆市名茶。

重庆古时为巴国，巴国产佳茗，古有其名。在古代巴国传统佳茗基础上，当时的四川省科学院茶叶研究所（现重庆市农业科学院茶叶研究所）于 1959 年创制成功这一款新品，其在 1964 年被茶学专家命名为永川秀芽。

永川秀芽以叶绿、汤清、气香、味醇著称。其青叶色翠绿；干茶色绿，茸毫显，外形细如针，紧直秀丽，花香雅丽。以 100 摄氏度沸水冷却至 90—95 摄氏度冲泡，汤色如绿柳倒映湖中，清澈而春意浓浓；汤香为初春花圃之香，嫩香馥郁而秀雅；汤味纯净醇厚，植物的鲜甘味萦绕唇齿间，回味无穷；茶底幼嫩，新绿润亮。

茶语 | 家乡就是一杯茶。一茶在手，心归故里，人在家乡。

涌溪火青

涌溪火青产于安徽省宣城市泾县，以当地绿茶茶树——柳叶种的嫩叶幼芽为原料制成，为宣城市特产，也是安徽省名茶和中国传统名茶。因其主产地之一是位于泾县的涌溪山，且为以火炒制的炒青，故被称为涌溪火青。

涌溪火青至今已有数百年的历史，清朝顺治年间就在国内颇负盛名；在清咸丰年间进入兴盛期。民国年间，因战乱不断，涌溪火青几近绝迹。直到中华人民共和国成立后，涌溪的茶产业才逐步恢复，至20世纪50年代中期，涌溪火青恢复生产，重新面市。从20世纪80年代开始，涌溪火青走上新的发展之路，产量和质量都有了较大幅度的提高，也越来越受茶人的欢迎。

涌溪火青原为条索茶，在清代中期，由于当地出现了巨商家族，为方便其外出携带，当地茶农运用新的制作工艺，将涌溪火青制成了椭圆体，从此，涌溪火青就以珠茶的形态出现在人们面前。

涌溪火青以采摘于清明至谷雨前后初展的一芽一叶(特级)和一芽二叶、一芽三叶(特级以下)之青叶为原料，以特殊的工艺手法制作而成。涌溪火青干茶外形为椭圆体珠粒状，手感重实，芽叶紧结，茶毫隐现；墨绿中有黄光闪烁，油亮莹润；茶香清新中夹着春花的芬芳。以

100 摄氏度沸水冷却至 90 摄氏度左右冲泡，长筒玻璃杯中紧结的叶片慢慢展开，如兰成朵开放，盈盈而依依；茶汤色青绿明亮，水面有微微杏黄色的波光荡漾，似秋阳西下，穿行于绿竹林中的斜照之光；香为江南高山绿茶之香，清新而醇厚，有芬芳的春花之繁香夹于其中，形成特有的清新而饱满之茶香；味醇厚润滑，微涩，回味甘甜，悠长而厚实；茶底嫩绿鲜黄，匀齐清爽。

涌溪火青给人一种厚实、沉稳的茶感，这不免令人想到忠厚朴实、沉着稳健之类的评语。在人心浮躁的今天，此类评语已是对人极高的赞誉之词了。

茶语 除了坚硬的脊梁，还须有厚实的脊背，这样才能担起人生的重任，稳步行走于人生的漫漫征途。

# 尤溪绿茶

尤溪绿茶产于福建省尤溪县，以绿茶茶树青叶制成，为尤溪特产，也是福建绿茶中的佳品。

尤溪产茶、制茶历史悠久，至今已有 700 多年的历史。据说，宋代著名理学家朱熹曾在尤溪居住、烹茶、写作，留下《武夷精舍杂咏·茶灶》诗："仙翁遗石灶，宛在水中央。饮罢方舟去，茶烟袅细香。"可见，当时饮茶已成风俗。宋以后，尤溪的茶业不断发展，在茶人中颇具盛名。近年来，尤溪绿茶更是有了突破性发展，成为福建绿茶中的一大名茶。

尤溪绿茶以当年初春采摘的幼芽嫩叶为原料，干茶条索紧细挺秀，色翠绿如碧玉，绿茶特有的清香夹着初春山野花草香和新竹的清香，十分宜人。以 100 摄氏度沸水冷却至 90—95 摄氏度冲泡，茶汤色浅绿，如中国水墨画中远远的一抹春山；汤香以春茶的清香为主香，辅以初春的花草香和竹林中的新竹之香，3 道水之后，新竹的清香成为主香；汤味柔滑，微涩，有回甘，更有绿茶春茶特有的鲜爽。而与其他绿茶的鲜爽味有所不同，尤溪绿茶的鲜爽味兼有春笋的笋鲜味，令人回味无穷；茶底嫩绿柔软，匀齐洁净，如春草茵茵铺满地。由此，春山之绿、春竹之香、春笋之鲜爽、春草之茵茵构成了尤溪绿茶与众不同的茶境和茶意。

茶语

何必苦苦寻春去，已有春色在眼前。

# 虞 山 绿 茶

　　虞山绿茶产于江苏省常熟市，以绿茶茶树的嫩叶制成，为常熟市特产，也是江苏省名茶。因主产地是位于常熟市的虞山，故被称为虞山绿茶。而又因虞山有一山峰十分陡峭，如剑劈而成的山门，所以虞山绿茶又被称为剑门绿茶。

　　虞山是一座历史名山。在殷商时期，泰伯和虞仲兄弟俩为禅位给弟弟，借口采药，从遥远的北方一路南下，最后隐居于常熟的一座山中。而虞仲逝世后葬于此山，从此，此山被称为虞山，并被认为是兄友弟恭、能者居上等中华民族传统美德的象征。

　　虞山产茶始于清代，扩展于民国，在中华人民共和国成立后得到了快速发展，茶产业成为常熟市的一大支柱产业。尤其是在改革开放以后，茶叶的产量和质量不断提升，佳茗不断出现，尤以 20 世纪 70 年代末研制成功的剑毫和茗毫为佳，广受欢迎。

虞山绿茶以谷雨前后采制的绿茶茶树之嫩叶为原料，干茶色泽翠绿；不同的茶品，如剑毫、茗毫、碧螺春、雪绿等，呈现出不同的外形。就总体而言，以100摄氏度沸水冷却至85摄氏度左右冲泡，汤色青绿明亮；茶香中夹着春天的花草香，馥郁悠长；味醇润鲜滑，饮后，齿颊留香，茶味回味无穷；茶底嫩绿匀整。

其中，剑毫干茶外形扁平，挺秀光滑，色翠绿，披覆茶毫。冲泡后，长筒玻璃杯中叶片根根竖立，如柄柄宝剑直指苍天；汤色翠绿明澈，汤香浓郁，汤味醇厚、饱满。整款茶品给人一种侠士之茶意，豪情四射，豪气冲天。茗毫干茶为条索状，形似毫发，紧细秀丽；香是江南绿茶之春茶特有的清香，夹着春草的清香；色青绿，披白毫。冲泡后，将茶汤倒入茶盏中，汤色嫩绿清澈，有微光在汤面闪耀，如美人暗送秋波；汤香是江南春茶之清香加春草之清香，清新而雅致，幽幽而悠悠；汤味醇而润，鲜而滑，入口即甘甜。整款茶给人一种旧时江南名门之秀的清丽婉约，不经意间才情显，腹有诗书气自华。

茶语

心宽品百态。

# 雨　　花　　茶

　　雨花茶产于江苏省南京市，以绿茶茶树的青叶制成，为江苏省名茶。因产于南京，也称南京雨花茶。

　　南京产茶的历史可追溯至唐代以前，而雨花茶则是在 20 世纪 50 年代末新创制的。该茶品干茶"形如松针，翠绿挺拔"，而主产地之一的南京雨花台又是无数志士仁人壮烈牺牲之地。为了永远记住先烈们为国献身、为民奋斗的风骨和坚贞不屈的高风亮节，寓先烈之精神如松柏常青，将该款新茶品命名为雨花茶。

　　雨花茶以清明前所采摘的一芽一

叶嫩芽叶为原料，干茶外形挺秀如松针，锋苗秀丽，条索紧直，色泽幽绿，白毫显露，绿茶特有的清新茶香夹着春树的木质香，清爽而新鲜。以100摄氏度沸水冷却至85—90摄氏度冲泡，前3道茶汤中会漂浮出一层白毫，故而汤色翠绿上覆盖一层银白，如明月银辉笼罩下的盈盈春江。3道水后，白毫减少，汤色呈翠绿色；汤香馥郁而雅致，茶香、树香、花香融为一体，是那种仲春田野中万物蓬勃生长的气息；汤味醇柔顺润，茶鲜味和微涩后的回甘均十分明显，给人一种强大的青春活力之感；茶底嫩绿匀整，如幼芽嫩叶复而鲜活如初。

品雨花茶，忆先烈事迹，思新人之成长，脑海中就会浮现一幅图景：一株株高大的苍松翠柏间，一棵棵挺拔的小树茁壮成长，蓬勃生机充盈在代际传承中……

茶语

永不停息的薪火传承。

# 昭 关 银 须

　　昭关银须产于安徽省马鞍山市含山县，以绿茶茶树之幼芽嫩叶为原料制成，为含山县特产，也是安徽省名茶。因主产地位于含山县的昭关，其干茶茶形似针似须，披覆白毫，故被命名为昭关银须。

　　昭关银须于 20 世纪 80 年代中期研制成功，其以清明至谷雨前新生长的单芽或初展的一芽一叶为原料，以特殊的工艺加工而成。其干茶条索似针似须，披覆白毫，白毫中有隐隐的润绿闪耀；绿茶春茶特有的嫩香飘浮

于上，清新而雅丽。置适量干茶于长筒玻璃杯中，以100摄氏度沸水冷却至85—90摄氏度冲泡，杯中茶叶慢慢展开，如古代美髯公的飘飘长须，又如古代威猛壮士的冲冠怒发；汤色微绿嫩黄，清澈明亮；香以春茶的嫩香为主，夹着春野春草的清新之气，不时还有山中春花幽幽的芬芳飘逸而过，茶香馥郁而悠长；味滑顺醇鲜，微涩后回甘饱满；茶底嫩绿匀齐。

　　昭关银须产于昭关，此昭关即是传说中春秋战国时期伍子胥过昭关一夜愁白了头的昭关。然而，我觉得昭关银须却少有这愁苦的茶意，反而颇具壮志豪迈之雄风：品昭关银须，不免会想到古代著名的老将廉颇、黄忠，乃至曹操写下的"老骥伏枥，志在千里；烈士暮年，壮心不已"（《龟虽寿》）的诗句，表达了一位迟暮老者渴望再展雄风，完成自己的宏图大业的心愿。也许，和平时代的人们，只有在品味昭关银须时，才会进入这一茶境，产生这样的茶意吧！

茶
语　　暮年壮士心。

# 周打铁茶

周打铁茶产于江西省宜春市丰城市，以绿茶茶树之青叶制成，为江西省名茶。

周打铁茶之名，相传与清朝的乾隆皇帝有关。传说在清朝，当地有位名为周打铁的秀才，因中了秀才后屡试不第，就改行当了茶农，与妻子一起种茶、制茶，所制之茶在当地颇有知名度。后乾隆皇帝下江南，微服私访路过当地，喝了周打铁家的茶后赞不绝口，不仅定为贡品，还以周打铁的姓名赐茶名"周打铁茶"。从此，周打铁茶成为名扬国内的佳茗。

周打铁茶以一芽一叶或一芽二叶初展之青叶为原料，干茶条索紧致，芽叶端微弯曲，形成一弧优美的曲线；色泽绿润，江淮绿茶特有的清香飘逸。以100 摄氏度沸水冷却至90—95 摄氏度冲泡，汤色黄绿明亮，如一泓春水荡漾；汤香是清新的春草春花之香，随热气而散发，如春风拂面，馨香宜人；汤味醇厚、滑爽，饮后清香满口；茶底嫩绿匀整，如刚采摘的新叶，绿意盈盈。

因制茶工艺中有清风（用扇风的手法让炒制的茶迅速降温）和滚炒（用特殊的手法使茶青在茶锅中边滚动边炒制）这两道与众不同的工序，所以，与其他绿茶相比，周打铁茶的香浓而清雅、味浓而清纯之特点更为突出。也许这也是周打铁茶能吸引喝遍千家茶的乾隆皇帝的原因吧！

茶语　公主之吻能让变成青蛙的王子变回王子，而癞蛤蟆则仍然是癞蛤蟆。

珠

茶

　　珠茶以绿茶茶树之青叶，经特殊工艺炒制而成。珠茶的干茶色泽深绿，状如平底圆形馒头，手感光滑圆润，如翡翠珠一般，故称珠茶。珠茶不仅形如翡翠珠，干茶入瓷制茶器皿时，更有叮叮咚咚之脆声，如"大珠小珠落玉盘"，而随着水的润泽和浸入，叶片缓缓展开，最后铺满饮茶器皿底部，一幅人间四月天的盎然春景图呈现在人们的眼前。所以，也可将珠茶称作"茶中艺术品"。

珠茶的主产地在浙江省绍兴市，原产地在嵊州市，属绍兴市。其中，又以嵊州市所产泉岗辉白茶为珠茶中的上品。泉岗辉白茶的干茶颗粒均匀；色如老坑翡翠，润而有光泽；形如平底圆形馒头，饱满而光滑。以100摄氏度沸水冷却至95摄氏度左右后冲泡，茶汤色如绿烟，如春天湖边朦胧烟雨中的翠柳；茶香清雅清爽，闻之如莺飞草长时在春山中行走；茶味单纯浓醇，无杂味，茶韵醇厚。茶汤入口后有微微的苦味，苦后有回甘，饱满而悠长，进而形成泉岗辉白茶有别于其他珠茶乃至其他茶类特有的茶后余味。这别具一格的茶感，也往往能带给人特别的茶悟。

茶语

由苦与甜共同构筑的美丽生命和美好生活。

# 珠峰圣茶

　　珠峰圣茶产于西藏自治区林芝市察隅县，以绿茶茶树的青叶制作而成，为西藏自治区特产。

　　西藏自治区过去不产茶，在20世纪60年代，经反复引种、试种后，毛峰类绿茶茶树才种植成功，珠峰圣茶就是以这一毛峰类绿茶茶树的青叶为原料，以炒青工艺加工制作的茶品。经多年努力，珠峰圣茶不断提升产品质量，已成为西藏自治区的一大名茶。

　　珠峰圣茶以嫩叶为原料，干茶条索紧细，白毫显露，茶索上部如剑尖；茶色深绿光润；茶香为高原地区所产之绿茶特有的清新醇厚之香，带着雪域高原特有的植物的清新和纯净气息。以100摄氏度沸水冷却至90—95摄氏度冲泡，汤色翠绿清澈，有微微的黄色在绿波上闪耀，如初春清晨的阳光在春光明媚的湖中碧波上嬉戏；汤香是浓郁的醇茶香，带着春草的清新之香，馥郁而清爽；茶味较其他绿茶浓而厚，微涩，有回甘，汤香和汤味均持久悠长；茶底嫩绿匀整，清爽洁净。

珠峰圣茶给人一种纯净的深情厚谊之感，纯天然、原生态，是在品饮其他茶品时难以获得的茶感。

茶
语

纯真的爱。

# 竹　　叶　　青

竹叶青产自四川省峨眉山，以绿茶茶树的青叶制成。因其干茶外形如竹叶，色翠绿，故名竹叶青，为四川省名茶。

峨眉山的产茶历史悠长，好茶颇多。而竹叶青则是在传统基础上，于20世纪60年代所创制，于1964年由陈毅同志题名。

竹叶青仅以清明节前采摘的嫩芽制作，其新茶干茶外形扁平光滑，挺直秀丽，齐整匀净；色嫩绿油润，如新竹初长的嫩叶；有一种悠长而馥郁的嫩板栗香充盈鼻端。以100摄氏度沸水冷却至90—95摄氏度冲泡，一片片嫩芽便铺满水面，如莲叶轻摇，似有小鱼儿在莲叶间嬉戏；汤色淡绿明亮，如初春暖阳照耀下的一汪春水；汤味鲜嫩醇爽。那种鲜，是农家新采摘下来的葫芦、黄瓜之类的蔬菜鲜味，这是在其他茶中较少见的奇特的茶味。与干茶香不同，汤香更多的是一种暮春初夏新竹的清香，清爽而清新。由此，竹叶青便具有了一种带着南方乡村日常生活特色的农家之乐的茶意。

茶 | 语　　寻常生活中的快乐。

八仙茶

八仙茶（闽南乌龙类）属青茶（乌龙茶）中的闽南乌龙，产于福建省漳州市诏安县的八仙山上，以青茶（乌龙茶）之八仙茶品种茶树的青叶制成，为漳州市特产，也是福建省名茶。

八仙茶于1968年选育成功，于1994年被全国农作物品种审定委员会茶树专业委员会审定批准为国家级茶树优良品种，是中华人民共和国成立后新选育成功并获国家评定的第一个国家级乌龙茶茶树良种。其原本主要种植在漳州，以闽南乌龙加工工艺制作成茶品。后被引进至闽北地区的武夷山市，以武夷岩茶加工工艺制作，成为武夷岩茶小品种茶之一。故而，青茶（乌龙茶类的八仙茶）就有了闽南乌龙、闽北乌龙之武夷岩茶之分。

八仙茶（闽南乌龙类）的干茶为墨绿色，有淡淡的花香飘浮。用沸水冲泡，且一冲一饮，茶汤色橙黄亮丽；馥郁的栀子花香在房中飘散，如入暮春初夏夜的花园；茶

汤入口微涩，但旋即转为悠长的回甘；茶味清爽、甘甜而醇厚，有一种浓墨重彩的西洋油画的茶意；茶底深绿、柔嫩，花香仍悠悠。

八仙茶（闽南乌龙类）中的顶级品称"雪片"，据说是在春节前后天气最冷的时节采摘的。这与其他茶品不同的采摘时间与传统的制作工艺的结合，是否对八仙茶的特质具有决定性的影响？值得一探！八仙茶十分耐泡，花香持久，醇甘持久，冲泡十几道水后仍茶香阵阵，茶味醇醇，而口中的余味在饮后数小时仍是香而甘醇。

我是看到诏安县鹤灵峰茶业有限公司所产之八仙茶（闽南乌龙类）才认识八仙茶的，而喝了这款八仙茶后，又进一步产生了了解八仙茶的愿望。鹤灵峰八仙茶（闽南乌龙类）色净、香纯、味正。茶汤以栀子花香为主香，尾香夹着幽幽的春兰之香，杯盖香为雪梨的水果甜香，杯底香为夜来香的花香，然后转为水仙花的幽香，与甘爽滑厚的茶味圆融地结合在一起。茶底柔软，茶气颇足。一盏在手，鲁迅先生的那句茶话油然回响在耳边："有好茶喝，会喝好茶，是一种'清福'。"（《喝茶》）据说，最近几年，鹤灵峰八仙茶（闽南乌龙类）在漳州市的茶品评比中均获一等奖，真是一款好茶。

八仙茶茶树为乌龙茶品种，也有人用该茶树的青叶制作红茶和绿茶的，但色香味均不如乌龙茶，尤其是以传统工艺制作的乌龙茶。常言道，术业有专攻，就茶而言，亦是如此！

茶语

香飘四季，清福永享。

白
鸡
冠

白鸡冠为闽北乌龙中的武夷岩茶，产于福建省南平市武夷山市，以当地种植的白鸡冠茶树之青叶制作，为武夷岩茶中的小品种茶，也是武夷岩茶四大名丛（白鸡冠、铁罗汉、水金龟、半天妖）之一。

传说，在古代，在武夷山有一只白锦鸡为救乡民而被恶人所杀，第二年，在白锦鸡被杀处长出了一株与众不同的茶树，其叶较白，其香似栀子花，其形如白锦鸡鸡冠。为纪念为民牺牲的白锦鸡，乡民们将这株茶树及后来以此树为母树栽培、繁殖成的茶树之品种称为白鸡冠，而由白鸡冠茶树之茶青制作的茶品，亦被称为白鸡冠。

武夷山在明代就有白鸡冠之茶树名和岩茶茶

品名，可见白鸡冠茶树及茶品历史悠久。白鸡冠茶品以当年 5 月上旬采摘的种植于当地的白鸡冠茶树之新生并展开的青叶为原料，用武夷岩茶传统制作工艺制作。其干茶为条索状；色青褐，品质优者有润光闪烁；飘散的香是阳春三月的花香中夹着闽北乌龙茶特有的醇香。用 100 摄氏度的沸水冲泡，且一泡一饮。就总体而言，白鸡冠茶汤的汤香是淡雅清新的栀子花香，一般四五道水后，转为带着薄荷清凉味的春草香。汤香虽淡雅但悠长，直至茶尽，春草香仍萦绕口中，留存杯底。汤味柔滑润爽，带着一种优雅的春的柔情。汤味中有江南初春河水特有的腥味，3 道水后，河水的腥味转为河鲜（河里新鲜的水产品）的腥味，品质佳者会出现河蟹的蟹腥味，淡淡的河水腥味和河鲜腥味让人如在初春的河边，唯见春风吹起一片绿波。汤味微涩，回甘迅速且醇厚，茶鲜味明显，品质佳者这一鲜味与甘味圆融地结合在一起，构成武夷岩茶中独一无二的甘鲜味。汤色微绿淡黄，茶盏摇动间，有光亮如飞鸟倏忽而过，使人产生一种阳春三月草长莺飞的春意。白鸡冠茶韵悠长，茶气颇足，喝后浑身透汗，与清淡的茶色和柔滑的汤感构成强烈的反差。茶底绿中带黄，黄中有润光闪动，柔薄如丝绸，叶片绵软光滑可展开，展开后可见摇青形成的"绿叶红镶边"十分明显，清雅地美丽着。品质佳者，茶底色如青叶，柔如青叶，加上"绿叶红镶边"的清丽。故而，白鸡冠可谓是最显武夷岩茶之"活"特征的茶品，也是最优美的武夷岩茶。

茶语

生命之树常青。

白　　白芽奇兰是茶树品种名，也是以这一品种茶树之青
叶制作的茶品名，属青茶（乌龙茶）类中的闽南乌龙茶，
这一品种的主产地位于福建省漳州市的平和县，为闽南
乌龙中的珍稀品种，也是漳州特产和福建名茶。

芽　　白芽奇兰是清朝年间在平和县大芹山下的崎岭乡被
发现的。因其萌发的芽叶呈现出与众不同的白绿色，采
摘其叶制成的茶品有一种奇特的兰花香，故而该品种茶
树被命名为"白芽奇兰"，由该品种茶树之青叶制成的
茶品也被称为"白芽奇兰"。白芽奇兰是我最早遇到的
乌龙茶之一，也是我最喜欢的闽南乌龙茶之一，故而常
思之、念之，不时品饮之。沉浸在它独特的茶香之中，
乃人生一大乐事。

奇　　白芽奇兰以当年春天采摘于当地种植的白芽奇兰茶
树新生并展开的青叶为原料，用传统白芽奇兰制作工艺，
以手工或机器制作而成。其干茶外形圆紧重实；色泽青
褐，品质佳者有油润之光闪烁；兰香明显，雅丽而悠长；
如为炭焙的，奇兰香中夹杂着炭香味。用 100 摄氏度的
沸水冲泡，且一冲一饮，就总体而言，白芽奇兰的特征
介于铁观音与大红袍之间，冲泡后的叶片色泽翠绿油润；
汤色黄亮清澈；汤香似秋兰般馥郁；汤味醇厚、润滑、
鲜爽，回甘迅速悠长；茶底厚软匀整。

兰

白芽奇兰的焙火加工工艺分为轻火型、中火型、重火型 3 种，加工的手法可分为电焙与炭焙 2 种。由此，不同的工艺和手法制作的白芽奇兰呈现出不同的特征。

其中，以焙火工艺分，就汤色而言，轻火型为鹅黄微绿，中火型为杏黄，重火型为深黄浅棕；就汤香而言，轻火型如幽谷春兰，中火型如入馨兰之室，重火型如入秋兰之野山；就汤味而言，轻火型飘逸，中火型沉稳，重火型醇厚。

以加工手法分，电焙的汤色亮丽，汤香明艳，有锐利感，穿透力强，汤味甘鲜轻滑；炭焙的汤色安详，汤香优雅而圆柔，渗入性高，汤味醇甘绵润。尤其是炭焙重火型白芽奇兰，汤色杏黄偏棕色，汤味柔和、温润、鲜醇，回甘悠长；汤香是一种尾香跳跃着兰香的炒米香味。品之，既有铁观音的轻舞飞扬，又有大红袍的沉稳安宁，再加上一种对传统农家生活的回忆或想象，真是乐趣无穷，回味无穷。

有一天，我闲来无事，将贮藏的白芽奇兰都取了出来，一一冲泡，逐一品饮比较。啜饮评判中，忽然就有了一种君王早朝听大臣们议政的感受。这些臣子有的年少气盛，锋芒毕露；有的老成持重，深谋远虑；有的宦海沉浮，谨言慎行；有的刚蒙圣恩，春风得意；有的书生文弱，巧言令色；有的武人威猛，铁马金戈；有的农家出身，淳朴敦厚；有的来自望族，风流潇洒；有的君子如玉，温文尔雅；有的不动如山，沉稳凝重；有的精明奸猾，长袖善舞……观茶如观臣，品茶如品臣，评茶如评臣，喝茶喝出君王的感受，这是喝其他茶所没有的乐趣，也是白芽奇兰带给我的奇特茶感。

从轻舞飞扬到沉稳安详，从小农生活到君王临朝，品饮白芽奇兰真可谓茶乐多多啊！

# 百谷·凤凰水仙

　　百谷·凤凰水仙此茶为闽北乌龙中的武夷岩茶，产于福建省南平市武夷山市，以当地种植的武夷岩茶茶树之青叶制成，由武夷山市武夷星茶业有限公司出品。因其茶源为种植在武夷岩茶核心产区的岩谷坑涧中的茶树，故名"百谷"。

　　百谷为系列武夷岩茶，目前出品的有红百谷（红色包装）、金百谷（金色包装）、银百谷（银白色包装）3款，各款中又包括数款来自不同山场（武夷山茶农将具体的岩茶种植地称为"山场"）、用不同品种茶树青叶制作的茶品。其中，红百谷包括两款茶品：凤凰水仙、肉桂。

　　凤凰水仙原产地在广东省潮州市潮安区凤凰山，以地名而得名，属凤凰单丛中的一个品种，后被武夷山引进，成为武夷岩茶的茶源之一。凤凰水仙单株种植，在武夷山种植量少、产量低，制成的茶品更少，因此，得以品饮，实属幸事！

　　武夷星茶业有限公司下属茶叶科研所内有凤凰水仙茶树，是科研人员以人工无性栽培的方法成片种植的，故而，尽管量少，公司也能够批量制作单品凤凰水仙。凤凰水仙于当年5月上旬采摘，以种植于正岩地区的凤凰水仙茶树新生并展开的青叶为茶源，用基于武夷岩茶传统制作工艺科学改良后的本企业新标准制作工艺制作。其干茶条索紧致修长；色青褐，润而发亮；春花之香幽而绵柔。以100摄氏度的沸水冲泡，且一冲一饮，茶汤色为浅棕色，清丽明媚，如初春清晨的一缕阳光。汤香前3道是绵柔的春花香，虽幽但穿透力强，绵绵柔柔、细细幽幽地从茶盏中弥漫开来，由鼻腔直入脑部；第4—7道汤，汤香转为幽幽的、带着薄荷清凉的兰花香，清雅而悠长；从第8道汤开始，汤香中出现了粽箬香，并逐渐成为主香，绵而厚，柔而悠，直至茶尽，齿颊间仍有粽箬之香悠悠。与汤香的变化多端不同，杯盖香和杯底香始终是幽幽、带着薄荷清凉味的春兰之香，淡雅、清新而悠长，直至茶尽，仍细幽可闻。汤味较一般水仙品种茶品更为醇润滑顺，有一种米汤的稠厚感，与汤香融为一体，饮之，有饮香花汤、兰香汤、粽香汤之感；微涩，回甘饱满。从第8道汤开始，汤味中出现了茶叶特有的植物的甜味，但涩味仍在，茶汤入口，口中的涩味迅速转为回甘，何为甜，由此方能知晓。冲入第10道水后，茶汤终于完全转薄，但甜味仍饱满，汤味仍润滑，而茶叶特有的鲜味开始出现，润、滑、鲜、甜、爽成为第12—15道茶汤的特征。茶气颇足，3道茶入腹，背后就有暖意升起，6盏茶后，暖流先上升到头部，再沿腿部下行至足部。于是，全身暖意融融。茶底青褐，柔软，有润光。

百谷·凤凰水仙悠悠的茶汤香和稠润甘甜的茶汤味，让我想到了"思念"2字，那是一种温柔温馨的思念，绵长深厚的思念，美丽美好的思念；一种对青春的思念，对变化了的岁月的思念；对故乡的思念，对亲人的思念，对好友的思念。有思念，表明自己过去的存在；有思念，表明自己今天的存在。生活永续，思念不断。且饮一盏百谷·凤凰水仙，以思念我们的思念。思绵绵，念悠悠……

茶语 ｜ 思念我们的思念。

# 半　　天　　妖

半天妖为闽北乌龙中的武夷岩茶，产于福建省南平市武夷山市，以当地种植的半天妖茶树之青叶制成，为武夷岩茶中的小品种茶，也是武夷岩茶四大名丛（白鸡冠、铁罗汉、水金龟、半天妖）之一。

半天妖是一款具有神秘感的茶品，不仅茶树种植量少，茶品产量低，而且这个茶树品种或说这款茶品有 4 个名称：半天妖、半天夭、半天腰、半天鹞。在这 4 个名称背后，又有与该茶来源相关的 4 个版本的故事和 1 种科学解释。

一为悲情玄幻版。旧时，在该款茶的母树所在的兰花峰，有一座佛教女出家人寺院，即民间所说的"尼姑院"。尼姑们从兰花峰上生长的茶树上采摘茶青制成的好茶，有着独特的色、香、味，令许多香客闻名而来。有一年，一位尼姑在险崖上采摘茶青时，不慎失足跌落悬崖身亡，从此，每到 5 月的采茶季节，尼姑们常会看到一位尼姑在茶树间如神仙般飘然来去，而茶味也更为甘醇浓香。为纪念她，尼姑们将这一些原来无名的茶树取名为"半天妖"，由这一品种茶树的青叶所制的茶品，亦被称为"半天妖"。

一为画家写意版。该款茶的母树在兰花峰第三峰，兰花峰高陡，状如兰花盛开，春天繁花处处，如画似锦，更见山间茶树鹅黄翠绿，美丽无比，加上这款茶蜂蜜香浓郁，借《诗经》"桃之夭夭，灼灼其华"句，制茶人将该茶树品种命名为"半天夭"，其青叶所制茶品亦命名为"半天夭"。

一为自然地理版。该品种茶树的母树生长在兰花峰第三峰半山腰的危崖上，似在半空中，故该茶树品种被命名为"半天腰"，其茶品亦被命名为"半天腰"。

一为寺庙传说版。武夷山天心禅寺的方丈在梦中看到一只口衔绿宝石的山鹞，被恶鹰追赶，慌乱中将宝石掉到了兰花峰的半山腰。他醒来后，便派庙中一位小僧到兰花峰寻找。小赠从蓑衣峰翻山越岭到兰花峰，用绳子吊着下到了半山腰，只找到几粒绿色的茶籽。小僧小心翼翼地将茶籽带回寺中。方丈得之，交给小僧培育，到茶树长大后，又移栽到兰花峰扩大种植，成为武夷岩茶之新品种。因茶籽来自人迹罕至之处，方丈认为是山鹞带上去的，加之又因梦到山鹞而寻到，故将这一茶树品种命名为"半山鹞"，其茶品名亦为"半山鹞"。

而这一寺庙传说版的科学解释则简明扼要。该品种茶树的母树长在兰花峰第三峰的悬崖峭壁上，人迹罕至，应为山鹞口衔或排泄茶籽于其间而长成茶树，故茶树品种名和茶品名均得为"半天鹞"。

就我而言，更倾向于"半天妖"之名。这是因为喜欢这由武夷山的云雾带来的想象；因为相信茶与女人的因缘；因为自己在性别研究中，知晓男人撰写的历史是如何遮蔽乃至湮灭了女人的存在与价值，使得妇女只能更多地在民间故事和神话传说中出现；因为自己也是女人，一个更倾向于站在妇女的立场上对待女人、观察社会、考察文化的女人。任何叙述都是建构，包括历史的建构和知识的建构。我愿在此继续"半天妖"的建构之路，为基于妇女的经历和经验重写历史、建设妇女的知识殿堂添砖加瓦。

半天妖在清代即存在，但产量极少，在近代已近罕见。在 1979 年对武夷岩茶普查中被发现后，半天妖得到了保护与人工栽培，在 20 世纪 80 年代又被扩大种植。目前，半天妖虽仍属珍稀品种，但其茶品在市面上已非鲜见了。

半天妖于当年 5 月中旬采摘，以种植在武夷山当地的半天妖茶树之新生并展开的青叶为原料，用武夷岩茶传统制作工艺制作。其干茶条索紧致秀长，色黄褐，润光闪烁，香气如秋兰且带有蜂蜜之香。以 100 摄氏度的沸水冲泡，且一冲一饮，茶汤汤香馥郁饱满，阵阵秋兰的浓香夹着蜂蜜的甜香和橘皮的清爽之气，四处飘散。四五道水后，兰香转幽而蜜香转为主香，辅之以橘皮香，香气悠长。汤色为润泽的明黄色，如一块上好的田黄，温润地静候在茶盏中；茶汤醇厚，入口后舌两侧微涩，但即化为醇厚而绵长的回甘，润喉沁肺。三四道水后，茶汤中有岩石的冷冽之味显现，而茶气的充足也使得饮者从头部开始，继而身体发热并有微汗透出。茶底黄褐微绿，柔软而略带红色的斑点，有光泽闪亮。

半天妖的神秘与特有的茶韵，可以用 4 个字形容之，即"繁花重嶂"——繁花迷人眼，重嶂多歧路。

对于武夷岩茶的四大名丛，我想多说几句。

第一，关于这四大名丛的品种，有因半天妖曾经踪迹难寻，而以大红袍替代之，谓之白鸡冠、铁罗汉、水金龟、大红袍的。但从尊重历史出发，我坚持认为武夷岩茶的四大名丛应为白鸡冠、铁罗汉、水金龟、半天妖，而非其他。

第二，出于各种目的和原因，也有添加了大红袍后，将"四大名丛"扩展成"五大名丛"的。但武夷岩茶传统历史中，"四大名丛"的"四大"非他数，同样，从尊重历史出发，我坚持武夷岩茶"四大名丛"的认知：只有 4 种，唯有 4 种。

第三，有人对四大名丛进行排名，但我认为，尽管铁罗汉曾为武夷岩茶的通称，但作为名丛，它只是其中之一，而四大名丛各有其美，各美其美。对天然之物的排名，乃是对天然之物的亵渎，对大自然的亵渎。因此，我在此对四大名丛的排列只是想到写之的排列，绝非孰先孰后、孰高孰低的排序。

第四，此间我对四大名丛的描述，只是我对所品之茶的已有茶感的描述，也许时过境迁心情变，或有了不同手法制作的四大名丛茶品，我又会有不同的茶感和茶悟，这也是品茶的妙处和趣处所在。

第五，此间我对四大名丛茶品的描述只是对相关茶品基本特征的概述。

事实上，产地和气候条件的不同，制茶人和商家制茶理念和工艺及制作手法的不同，茶品储存时间和空间的不同等，都会使茶品带有自己的特点，形成自家的茶韵，四大名丛亦如此。所以可以说，有多少个产地和多少种气候条件，就有多少款各异的四大名丛茶品；有多少个制茶人和商家制售四大名丛，就有多少款各异的四大名丛茶品。当然，其基本特征是必备的，否则就不是"四大名丛"，而是别的茶品了。

茶语

繁花重嶂。

# 陈年大红袍

陈年大红袍是储存时间在 3 年及以上的大红袍陈茶。

陈年大红袍的干茶色黝黑，上品者黝黑中有油光闪亮，民间称之为"宝光"；醇香馥郁，醒茶时茶音清脆。沸水入茶，汤色为深棕色，并随着干茶存放年份的增加，逐渐转为茶褐色（10 年左右）、褐色（15 年左右），直至褐黑色（20 年以上）；汤香以大红袍干茶醇化后呈现的醇香为主香，有的会夹着花香或果香（7 年左右），上品者会随着存放年份的增加，出现茶树的木质香（12 年左右），直至人参香（15 年以上）；汤味无涩味，微甜，柔绵醇厚，入口即化。

由来自武夷山核心景区（正岩地区）的茶青制作而成的并妥善存放的大红袍陈茶，有的茶汤中会出现一种被武夷山茶农称为"武夷酸"的酸鲜之味，且几道水即淡化，这是一种可遇而不可求的新奇感受。

存放了10年以上的陈年大红袍或多或少会有一些积尘味(俗称蓬尘味)，这是陈年大红袍特有的陈年之味，也是历史之味。如保管得当，存放器皿和环境洁净，非30年陈乃至50年陈之类的长年陈茶，冲泡时不必有"洗茶"的程序，头道汤可品饮。

大红袍陈茶十分耐泡，一般可泡20多道水。而上品者，在冲泡后还可煮泡，所得之茶饮虽茶味已淡，但出现棕叶之香、甘蔗之甜，与先前的醇厚和醇香相比，是另一种茶感和茶趣。

大红袍陈茶茶气充足，通气、通血、通经络之"三通"功效十分明显，除了大红袍一般具有的养生保健功效外，也有补气暖胃、安神静心、消食化积等作用，药用功能较新茶更强。

此间的"大红袍"指的是以"大红袍"商品名统一命名的所有武夷岩茶茶品，其包括目前大面积种植的水仙、肉桂，种植量不多但盛名远扬的品种大红袍，以及奇丹、北斗、梅占、白鸡冠、铁罗汉、矮脚乌龙等属小品种乃至珍稀品种的茶品。不同的茶品有着不同的色、香、味，而即使是同一茶品，由于武夷山复杂的地形地貌和小气候、大气候的变化、制作者制作工艺和制作手法的不同，也会有不同的茶之色、香、味。所以，大红袍陈茶的色、香、味也是千变万化的，各有其异，各有其佳，各有其趣。

茶语

岁月静好。

陈
年
铁
观
音

陈年铁观音是指储存了 3 年及以上的铁观音，也有茶人将其简称为"老铁"，即铁观音老茶。

与存放时间不到 3 年的铁观音相比，陈年铁观音汤色由黄色或黄绿色转为黄棕色或红棕色，并随着干茶存放年份的增加，逐渐转为深棕色；汤香由花香转为带着花香的陈年铁观音的醇茶香，并随着干茶存放年份的增加，逐渐转为醇厚的茶香；汤味由清滑润爽转为醇厚而柔滑，回甘柔绵，并随着干茶存放年份的增加，由涩后回甘逐渐转成入口即甜的植物甜。如果说，存放期为 1 年之内的铁观音茶品如同年轻气盛的少年人（新茶）或风华正茂的青年人（2—3 年茶品），那么，存放期在 3 年以上的铁观音就如同沉着稳健的中年人（4—7 年茶品）或洞穿人生泰然处世的老年人（7 年以上茶品，尤其是 10 年及以上茶品）了。

目前，国内铁观音以福建泉州的安溪铁观音产量最高，销量最高，销售范围最广，知名度颇高。安溪铁观音中佳品颇多。陈年铁观音的佳品中，大多也是产于安溪、制于安溪的安溪铁观音。

茶语

进入稳健，走向泰然。

# 大 红 袍

大红袍为青茶（乌龙茶）中的闽北乌龙，属闽北乌龙中的武夷岩茶，产于福建省南平市武夷山市，以当地所产大红袍茶树之青叶，用武夷岩茶制作工艺制作而成，为武夷山特产，也是福建省名茶和中国传统名茶。

大红袍是具有代表性的武夷岩茶茶品之一。传说，旧时有一学子赴京赶考，路过武夷山时得了重病，昏倒在武夷山北斗峰的茶树下。山民见后，用他倒下处附近茶树的叶子煮茶给他灌下，等他苏醒后，又抬到村中诊治，直至病愈，才送他上路赶考。后来此人在考试中一举成名，中了状元，怀着感恩之心，来到武夷山，将皇帝所赐状元大红袍披到了当年他昏倒后茶农采来茶叶救他的茶树上。从此，这些披过状元大红袍的茶树，就被改称为"大红袍"，其青叶所制茶品也相应地被称为"大红袍"，在外地人口中，"大红袍"也往往成了武夷岩茶的代名词。

20世纪90年代，"大红袍"被定为武夷岩茶的统一商品名，"大红袍"之名便具有了3种含义：一是总体商品名；一是具体产品名，包括拼配型茶品；一是品种名。于是，为了表明茶品的单一品种性，近十几年来，武夷岩茶中出现了标明"品种大红袍""原种大红袍"之类名称的茶品。由于由披过状元之大红袍的母树繁殖的茶树数量有限，故而，品种大红袍在武夷岩茶中也属珍品，也有人由此将大红袍与传统的四大名丛即白鸡冠、铁罗汉、水金龟、半天妖并列，统称为武夷岩茶"五大名丛"。

在我所喝过的品种大红袍中，印象较深的是福建省武夷山瑞泉茶业有限公司（以下简称瑞泉茶业）的"原种大红袍"（手工制作）。瑞泉茶业的这一款"原种大红袍"的山场在正岩地区，茶源为由大红袍母树的茶树枝扦插繁殖的大红袍品种茶树当年5月上旬新生并展开的青叶，以传统武夷岩茶制作工艺进行手工加工制作。瑞泉茶业的制茶师黄圣亮先生是国家级非物质文化遗产项目之"武夷岩茶（大红袍）制作技艺"武夷山市第一批市级传承人之一。黄圣亮先生的祖父人称"老喜公"，是当时武夷山最著名的岩茶焙茶师傅，故而，由继承了"老喜公"焙茶经验的黄圣亮先生制作的"原种大红袍"茶品也可谓是一款"非遗茶"了。

　　瑞泉茶业"原种大红袍"（手工制作）干茶条索紧致挺直；色乌润，阳光下可见深墨绿色的润光闪烁；茶香清幽，兰花香中夹着武夷岩茶特有的焙火香。以100摄氏度的沸水冲泡，且一冲一饮，茶汤汤色橙黄，清澈明亮；汤香为春兰之香，先是浓郁的兰香袭人，第5道汤后慢慢转为空山静谷中的幽兰之香，如从年少时的浮世繁华慢慢进入老年的恬静安宁。直至茶尽，这一带着薄荷清凉的幽兰之香仍在杯中袅袅，在齿颊留香；汤味醇厚滑润，微涩，回甘迅速而饱满，茶汤入口即化，入喉却有骨鲠感，滑润与骨鲠感形成奇妙的对比；茶气颇足，3盏入喉嗝声不断；6盏入腹通身温暖；茶底褐中闪绿色，柔软如丝绸，匀整洁净。

　　品饮瑞泉茶业的"原种大红袍"（手工制作）时，常提起那位被武夷山人救治、功成名就后又返回武夷山谢恩的状元。当他怀着感恩之心，把那件皇帝赐予的大红袍披上武夷岩茶茶树时，不仅成就了当时远在深山少人识的武夷岩茶，也成全了他自己，使自己由学子成为君子。

茶语　　感恩的心。

大坑口·老枞水仙（手工制作）属青茶（乌龙茶）类中的闽北乌龙中的武夷岩茶，产于福建省南平市武夷山市，以当地种植的水仙岩茶茶树中有 60 年及以上树龄之老茶树的青叶制成，由武夷山市大坑口岩茶有限公司生产，为该公司主打产品之一。武夷山茶农将 60 年及以上树龄的老茶树称为"老丛"，60 年及以上树龄的水仙茶树就被称为"老丛水仙"。

据说在福建，老丛水仙成为武夷岩茶中的一大品类始于 2012 年。在 2013 年后品饮老丛水仙成为一种流行；如今，老丛水仙已成为武夷岩茶中颇受欢迎的茶品。这一兴盛，使原本数量就不多的老丛水仙更是供不应求，于是，一些茶农或茶商就以树龄在四五十年，乃至仅 30 余年的水仙茶树的青叶为茶源制成茶品，冒称"老丛水仙"。对这类"老丛水仙"，武夷山茶界新创的名称为高丛水仙，而从 2018 年开始，以"高丛水仙"命名的武夷岩茶也在市场上出现了。相比之下，大坑口·老枞水仙以鲜明的色、香、味及茶韵特征，表明了作为武夷岩茶老丛水仙的真实性和正宗性。

武夷山市大坑口岩茶有限公司是一家由土生土长的

武夷山茶农创办和掌管的公司，公司在武夷山市，茶叶种植、制作、销售、发货在武夷山，在武夷山正岩地区有自己的茶地，其原董事长苏炳溪先生是国家级非物质文化遗产项目之"武夷岩茶（大红袍）制作技艺"的第一批武夷山市市级传承人之一，现任董事长苏德发先生（苏炳溪先生之子）是这一非遗项目的武夷山市第二批市级传承人之一。而目前，这一国家级非物质文化遗产项目传承人中，只有这家出了两位传承人。作为该公司主打产品之一的手工制作的老丛水仙，也可以说是非物质文化遗产传承人制作的非物质文化遗产传承茶品了。

大坑口·老枞水仙的青叶于当年5月上旬采摘，以生长于武夷山正岩地区坑涧处的老丛水仙新生并展开的青叶为茶源，用武夷岩茶（统一商品名为大红袍）传统制作工艺，以上代传下的手工制作手法制作。其干茶条索紧直，色黑润，茶香清新芬芳。以100摄氏度的沸水冲泡，且一冲一饮，茶汤为土黄色，给人一种沉稳、安宁之感。前3道茶的汤香为幽幽的兰花香，清雅沁人；第4—6道转为树木的木质香，带着深谷中的幽冷之气，深沉而凝重；从第7道汤开始，木质香中出现了留兰香的甜香，继而有薄荷的清凉味和清凉香加入其中，并逐渐替代木质香成为主香。于是，汤香就如同留兰香型的薄荷糖味，清雅、清爽、清甜、清新，令人难忘。汤香幽而悠长，直至茶尽后数小时，仍满口余香。杯盖香与茶汤香的变化相伴随，由幽兰香转木质香再转留兰香，而杯底香则一直是带着清凉薄荷味的幽兰之香，从始至终变化不大，并且，无论是杯盖香还是杯底香，茶香均十分稳重且悠长，直至茶尽杯空，仍可闻到清雅的茶香。汤味稠滑厚润，入口即化；无涩味，入口即甜；茶甜味醇厚饱满；茶鲜味醇正充实，鲜味悠长，茶汤入口，有饮鲜甜米汤之感。茶气颇足，3盏入腹，即气通；5盏入腹，即有暖流通身流动。饮毕，通身如沐春阳中，温暖无限。

12道水后，再加以煮泡，所得茶汤色深黄；汤香出现粽箬加薄荷的香气，清雅宜人，满室飘香；汤味醇滑，鲜味不减，甜味大大增加，与其他厂家或农家制作的同为优质的老丛水仙煮泡后的茶汤常为清甜的甘蔗甜不同，其呈现出一种少见的鲜甜味。由此，与别家同类茶品冲泡后再煮泡的茶汤常见的"粽箬香、甘蔗甜"特征不同，大坑口·老枞水仙冲泡后再煮泡的茶汤特征为"粽箬香、鲜甜味"。茶底深褐，柔软，叶厚，多数叶背面有细小沙粒状颗粒，即俗称的"蛤蟆背"。

品饮大坑口·老枞水仙，会让人如入宽大绵厚的柔毯中，被温温柔柔地包裹着，温暖而心安。这种宽厚是传统中国式的宽厚，它是家中的"父爱如山，母爱如河"，是人与人之间的"授人玫瑰，手有余香"，是佛家的"笑口常开，大肚能容"，是儒家的"以德报怨"，是墨家的"非攻"……在如今已高度物质化的时代，这一宽厚已少见亦少得，大坑口·老枞水仙以自己的存在与表现让人处于宽厚而温暖的怀抱中，身心安宁。

（注：大坑口·老枞水仙属老丛水仙，但因其名称为商品名，故其中"枞"不修改为"丛"。）

茶语　在你宽厚而温暖的怀抱中，不再感到疲累。

# 冻顶贵妃茶

　　冻顶贵妃茶产于台湾地区的南投县，以被小绿叶蝉（俗称浮尘子）咬噬过的当地种植的青心乌龙茶茶树之青叶制成，为南投县的特产，也是台湾茶品中的新贵。因其干茶白毫显露，茶汤色如琥珀，华贵透亮，汤香艳丽，茶底是"绿叶红镶边"，如古代皇室贵妃般雍容华贵，而该茶的主产区在南投县鹿谷乡的冻顶山，故被命名为"冻顶贵妃茶"。

　　冻顶山历来以产冻顶乌龙茶闻名，而冻顶贵妃茶则是新产品。九二一大地震时，作为震中的南投县损失惨重，而冻顶山区更是小绿叶蝉成灾，成片的茶树叶子被噬咬，无法再制作冻顶乌龙茶。面对严重的自然灾害，茶农们挺直腰杆，咬紧牙关，吸取新竹县等地以前也因茶树叶被小绿叶蝉噬咬成灾而研制成"东方美人茶"的经验，创制了冻顶乌龙茶中的新茶品——冻顶贵妃茶。因产量少，品质佳，该款茶品已成为茶人们心中的珍稀品，美誉度颇高。

冻顶贵妃茶以夏秋季、被小绿叶蝉噬咬过的当地种植的青心乌龙茶茶树之青叶为原料，用冻顶乌龙茶制作工艺制作，为"中发酵、重烘焙"的浓香型乌龙茶。冻顶贵妃茶的干茶为半球状，色乌绿油润；因制成毛茶后，又用龙眼（桂圆）木炭再烘焙3次，所以，干茶香为蜜香，并带有清甜之气。以100摄氏度的沸水冲泡，或将100摄氏度沸水冷却至90摄氏度冲，且一冲一饮，茶汤色橙红明亮，如琥珀般润亮剔透；汤香是蜜香加荔枝香，芬芳而悠长，饮后齿颊留香；汤味醇厚润滑，无涩味，植物甜明显；茶底匀净柔软，叶片有被小绿叶蝉噬咬过的小洞和破边，但"绿叶红镶边"仍华丽地呈现在眼前。

除了热泡外，冻顶贵妃茶还适宜冷泡——将沸水冷却后加以浸泡。冷泡得之的冻顶贵妃茶茶汤，在盛夏饮之，有饮荔枝汁之感，香甜醇滑，十分可口。冻顶贵妃茶陈茶也别有风味，色更亮，香更浓，味更醇厚，口感更饱满，回味更悠长。

品冻顶贵妃茶，茶味的美感和茶叶片的残破感相交会让人产生悲壮感。古人云："贫贱忧戚，庸玉汝于成也。"（张载《西铭》）今人说："不经历风雨，怎能见彩虹。"冻顶贵妃茶的诞生，当是对这古语今言的证明吧！

茶语

凤凰涅槃，浴火重生。

冻
顶
乌
龙

　　冻顶乌龙产于台湾地区的南投县鹿谷乡，以当地种植的乌龙茶茶树之青叶为原料制成，为南投县特产，也是台湾名茶和著名特产。因其主产地在鹿谷乡的冻顶山，故被称为冻顶乌龙。

　　南投县有悠久的种茶、制茶历史，而冻顶乌龙的树种则是在清代由当地居民从福建带入，经栽培、种植、推广，成为台湾一大茶源。而冻顶乌龙之所以名贵，与其产于高山、品质优良、产量较少有关，所谓"物以稀为贵"是也。

　　旧时在福建省安溪县，茶行（铺）在售茶时有一种专门的包装方法：用两张方形毛边纸对角斜放，内外相衬，再放入茶叶4两（旧制，1市斤为16两的4两，即今新制1市斤为10两的2.5两），包成四方包或碗状包，外包装纸上盖上茶行（铺）的标记封印，然后，按包出售。此一包装茶被称为"包种"。后这一包装法传入台湾，乌龙茶大多以此种包装出售，冻顶乌龙便是其中一种。目前，台湾有以"文山包种"为代表的四方包种茶和以"冻顶乌龙"为代表的碗状包种茶，而文山包种和冻顶乌龙这两种茶都是声名远扬的台湾名茶。

　　冻顶乌龙以当地种植的乌龙茶茶树当年新生并展开

的新叶为原料，以冻顶乌龙特有的工艺制作而成，为轻焙火或中轻焙火乌龙茶，其茶品亦被归为"清香型乌龙茶"。冻顶乌龙茶的干茶为半球状，色泽墨绿，有油光闪耀，清香型乌龙茶特有的茶香扑鼻而来，令人神清气爽。用100摄氏度的沸水冲泡，且一冲一饮，茶汤色金黄或橙黄，似琥珀色，给人一种华丽之感；汤香如雨后桂花林中的桂花香，清新而清甜，杯底香在桂花香中增添了夏日水果的清甜香，让人如入夏末初秋的花山果园中，任甜香和清香包裹，久久不忍离去；汤味醇滑柔润，微涩，回甘迅速而饱满，韵味悠长；茶底匀净，叶片展开可见背后有蛤蟆皮似的白色沙粒点，叶片色为"绿叶红镶边"，其色分布为"七分绿、三分红"。

品冻顶乌龙，无论色、香、味，都给人一种妙不可言、美不胜收的感觉，身体的惬意与心理的愉悦结合在一起，让人陶醉于茶中。

冻顶乌龙有春茶（每年4—5月采摘青叶、制作）和秋茶（每年10—11月采摘、制作）之分。就总体而言，春茶品质较好，秋茶则次之。

冻顶乌龙种植在高山顶上，气候湿冷，云雾缭绕，坡陡路险。据说，茶农上山采茶时，为防止在滑湿险峻的山路上滑倒，需紧绷脚尖，撑紧鞋底，谨慎而行。这紧绷脚趾、撑紧鞋底的动作被当地人称为"冻脚"。故而，当地茶农上山采茶有"山顶冻顶、山脚冻脚"的说法，可见采茶之艰辛。每每品冻顶乌龙，我都会想起采茶人的艰辛，尤其是想到九二一大地震后，当地茶农在重建家园中的不屈不挠、艰难前行，以及取得的成就，油然而生一种钦佩感。冻顶山的茶农就如不畏艰险的勇士，踏着荆棘丛生之路，奔向光明的前程。

茶语

踏着荆棘丛生之路，奔向光明的前程。

# 凤凰单丛

若将青茶（乌龙茶）分为闽南乌龙和闽北乌龙，则凤凰单丛被归为闽南乌龙；若将青茶（乌龙茶）分为闽北乌龙、闽南乌龙、潮汕乌龙、台湾乌龙等4类，则它被归为潮汕乌龙。它产于广东省潮州市，以当地所产单丛品种茶树之青叶为原料制成，为潮州市特产，也是广东省名茶和全国传统名茶。因其主产地位于潮州市潮安区凤凰镇的凤凰山，种植和制作工艺为优质分离单株栽培、单株采摘、单株制作、单株销售的单丛工艺，故被命名为凤凰单丛。

潮州有悠久的产茶史，明、清两朝为重要的贡茶地区。而凤凰单丛的历史，可追溯到南宋。传说，南宋末年，元军入侵，宋帝在向南逃亡中路过潮州的乌岽山时，口渴难忍，有山民献茶汤给宋帝解渴。宋帝饮后大悦，赐名"宋茶"。也有传说是侍卫识茶，采摘茶树青叶给皇帝解渴，皇帝嚼之，生津回甘，龙心大悦之下，赐名该茶树为"宋茶"。之后，"宋茶"在潮州地区的许多地方种植，后人称之为"宋种"。又传说，宋帝逃亡路过乌岽山，有鸟儿口衔茶枝来为宋帝献茶，所以，乌岽山所产的茶，包括后来出现的单丛茶，又被称为"鸟嘴茶"。潮州地区的单丛茶出现于清代后期。当时，为了提高茶品品质，通过观察鉴定，人们采用优质单株分离栽培、单株采摘、单株制作、单株销售的单丛工艺，并以"单丛"命名茶树。时值凤凰山有10000多株宋种茶树采用了单丛工艺，故其树和茶品均被称为"凤凰单丛"。

凤凰单丛采摘时间分春秋两季。其中，春季采摘时间在每年4—6月，秋茶采摘时间为每年8—10月，以当地种植的单丛品种茶树新生并展开的一芽二叶至一芽四叶之青叶为茶源，以乌龙茶制作工艺制作。因具体制作手法不同，凤凰单丛茶品外形和香型也各有其异。就茶品外形分，有山茄叶、柚叶、竹叶、"锯剁仔"等；以香型分，有蜂蜜香、黄桃香、芝兰香、桂花香、玉兰香、肉桂香、杏仁香、柚花香、夜来香花香、姜花香10种香型。

此外，具体产地的不同，也会使茶品的色、香、味形成各自的特色。因此，凤凰单丛也可以说是一个茶品系列，或者一种系列茶品。

就总体而言，凤凰单丛茶的鲜叶翠绿宜人。故而，"色翠"为其一大特征。凤凰单丛的干茶条索紧致，直挺厚实，色为绿褐色或黄褐色，油润光亮，花香四溢。用100摄氏度的沸水冲泡，且一冲一饮，茶汤色橙黄或金黄，明澈亮丽，如美人的秋波闪动；汤香头道大多为浓郁的花香或花果香，之后则会因制作手法、产地及采摘时间（春茶或秋茶）的不同而各呈其香，或蕴蜂蜜香，或扬桂皮香，或含兰花香，或伴老姜香……汤香馥郁悠长，直至茶尽，仍余香袅袅；汤味醇而滑，润而爽，茶鲜味明显，涩或微涩，回甘迅速且悠长。而其特有的汤香与较其他单丛茶不同的醇润鲜甘的汤味圆融地结合在一起，形成了凤凰单丛特殊的茶韵。这一特殊的茶韵，也许就是潮州茶农所说的凤凰单丛特有的"山韵"吧！凤凰单丛的茶底柔软匀净，叶片呈"青带绿腹红镶边"，犹如丝绸工艺品。

品凤凰单丛，会产生一种平凡而世俗的"老婆孩子热炕头"式的幸福感，即现今网络用语"小确幸"（小小的、确定的幸福）的感觉。年轻时，我总是轻视"老婆孩子热炕头"式的幸福，认为那过于平庸和世俗。现在想来，国家繁荣、民族复兴之类伟大的幸福不也内蕴着芸芸众生"老婆孩子热炕头"式的平凡而世俗的幸福？不也需要以"老婆孩子热炕头"式的平凡而世俗的幸福累积而实现？事实上，国家繁荣、民族复兴的大幸福是美好的，"老婆孩子热炕头"式的平凡和世俗的小幸福也是美好的。更何况芸芸众生的平凡而世俗的小幸福也是来之不易的，不仅需要芸芸众生自己的勤奋努力，也需要领袖们的精心设计谋划，所以，芸芸众生平凡而世俗的"小确幸"也是值得重视、应该大力推进的。

且饮一盏凤凰单丛，享受这平凡而世俗的美好生活！

茶语

平凡而世俗的幸福。

# 皇龙袍·纯种大红袍

皇龙袍·纯种大红袍属青茶（乌龙茶）中的闽北乌龙之武夷岩茶，产于福建省南平市武夷山市，由武夷山市皇龙袍茶业有限公司生产，以大红袍茶树当年所生青叶为原料制成。作为该公司的一大拳头产品，现已更名为岩首。

武夷岩茶商品名为"大红袍"，而当武夷岩茶的商品被统一命名为"大红袍"时，已至少包含3个指向：一是指被统一命名为"大红袍"的所有武夷岩茶茶品；二是指被统一命名为"大红袍"的武夷岩茶茶品中，用不同的武夷岩茶品种茶拼配的茶品，即武夷岩茶界俗称的"拼配大红袍"；三是指大红袍品种岩茶及用单品种大红袍岩茶青叶制作的茶品，即武夷岩茶界俗称的"纯种大红袍"和"品种大红袍"。而皇龙袍·纯种大红袍就是一款纯种大红袍。作为该公司的一大拳头产品，这

款茶品现更名为"岩首"。因我所品饮的仍是以"纯种大红袍"命名的茶品，从尊重事实出发，文中仍以原名出现，但特别括注该款茶品的现用名称，以免读者或消费者不明就里，产生误解。

我之所以成为武夷岩茶茶品的拥趸，源于福建省南平市委宣传部原部长兰斯文的引导。2012年元旦假期，他带领我们几位爱茶人在武夷山一日三场（上午、下午、晚上）到国家级非物质文化遗产项目之武夷岩茶制作工艺传承人处喝茶。在这一"强化式培训"下，我对岩茶的认识和感知突飞猛进，并且从此，岩茶成为我生活中不可或缺之物。我记得刚到武夷山入住宾馆后，兰部长便拿出一包岩茶，说是有水蜜桃的香气。在我的万般不信下，兰部长剪开茶袋，温杯，冲泡，一股清新甜蜜的水蜜桃香顿时弥漫整个房间，令在座的茶友惊艳，也令我开始相信武夷岩茶真的是千奇百妙，愿意接受一日三场的岩茶品尝"强化训练"。故而，这泡有着水蜜桃茶香的武夷岩茶，也可以说是我品饮岩茶的"导引茶"。

说实话，当时我品饮岩茶刚入门，只知茶香，还未能欣赏到茶味的美妙，所以，此后几遇到兰部长，我都会向他索要这水蜜桃香岩茶。但因当时他仅有1包，也忘了茶品名、茶的商标名和厂家名，所以一直到2015年5月，我又去武夷山问茶，遇到他时，他才跟我说，终于找到了生产那包茶的厂家，那就是武夷山市皇龙袍茶业有限公司，并且兰部长还送了我2盒（共12包）该公司所产的、有着水蜜桃茶香的茶品——纯种大红袍。因来之不易，这款茶品一直被我珍藏着，思念得忍无可忍时，或需在茶人中证明岩茶之奇妙（真有水蜜桃香！）时，我才拿出来品尝。直到今天，这款纯种大红袍已被更名为"岩首"，我仍有5包存货。

皇龙袍·纯种大红袍（现名岩首）完全以当年5月上旬采摘于种植在武夷山的大红袍茶树之新生并展开的青叶为原料，以武夷岩茶制作工艺制作。其干茶为条索状，色泽乌黑，有毫光闪烁；茶香馥郁清甜，剪开茶袋即有香甜的水蜜桃香扑面而来。以100摄氏度的沸水冲泡，且一冲一饮，茶汤色棕黄，有丝丝亮黄闪耀在汤面；汤香是浓郁的水蜜桃香，那种刚从桃树上采摘下来的新鲜粉嫩的水蜜桃的清新甜蜜的香气沁人心脾，令人闻了又闻，不忍入口。这水蜜桃香十分稳定而悠长，且十分奇妙。在前6道汤中，完全是水蜜桃香；6道汤之后，以水蜜桃香为主香的茶香中，忽而会跳出兰花香，忽而会有桂花香穿行而过，忽而尾香中飘出了栀子花香，让人始终处在惊奇和惊喜之中。与之相对应，杯盖香亦是变化多端，在水蜜桃的主香中，兰花香、桂花香、栀子花香变化多端，且并不与汤香同步。于是，饮者不免在品汤香（热香）和闻杯盖香（温香）中应接不暇，唯恐有所遗漏。相比之下，杯底香则始终是兰桂飘香——以春兰和秋桂的浓香组合成的花香，直至茶尽。汤味醇厚滑润，绵柔，入口即甜，滑润的植物甜稳定且绵长；12道汤后，仍余味悠悠。这款茶茶气颇足，茶感甜、绵、润、无明显的骨鲠在喉的感觉。3盏茶入腹，便觉腹中有一团浑圆的绵力上升；5盏茶后，周身发热，于是，气通连着血通，血通连着经脉通，令人周身舒泰。这款茶的茶底干净、匀整、柔软、色褐，水蜜桃香仍余香袅袅，令人心怡。

品饮皇龙袍·纯种大红袍无异于一种全身心的享受，无论是奇妙还是怡乐，无论是香甜醇润还是神怡身舒，都令人似入仙境，得仙人之乐。

需说明的是，根据我的经验，皇龙袍·纯种大红袍新茶的茶汤，以栀子花香和桂花香为主香，水蜜桃香不明显；存放1年后，汤香中水蜜桃香显化；存放2年后，汤香中水蜜桃香更显，干茶香中出现水蜜桃香；存放3年后，水蜜桃香在汤香中占据主导地位，成为主香，且干茶也散发出阵阵水蜜桃的甜香。化用"渐入佳境"一词，这可谓是"渐入仙境"吧!

茶
语

仙境仙乐。

# 黄　金　桂

　　黄金桂主产于福建，以当地种植的黄金桂茶树之青叶为原料制成，为闽南和闽北地区特产，也是福建省名茶和中国传统名茶。因其青叶翠黄，茶汤金黄，汤香如桂花香，故被命名为黄金桂。

　　黄金桂茶树原产地位于福建南部的泉州市安溪县，于清咸丰年间由茶农栽培而成，后在闽南地区和闽北地区大面积种植，作为乌龙茶的适制茶源，成为闽南乌龙和闽北乌龙中的武夷岩茶中的一种知名茶品。而在今天诸多拼配型武夷岩茶中，也屡屡可见黄金桂的参与。科研人员与茶农一起，更是以黄金桂为父本、以铁观音为母本，培育出了茶树新品种——金观音（又名茗科1号）。

　　在乌龙茶茶树品种中，黄金桂是发芽期最早的品种之一，一般在4月上旬就可以采摘青叶，较一般的乌龙茶茶青的开采期要早20多天。就其干茶而言，色黄，叶匀；就其内质而言，干茶香气浓郁悠长，汤香为奇特的桂花香，汤味中茶鲜味明显而饱满，故而，"一早二奇"被认为是黄金桂的主要特征。而因黄金桂无论是干茶香还是汤香都浓郁袭人，穿透力强，闽南和闽北的茶农又将它称为"透天香"，故而有民谚流传："未尝茶滋味，已闻透天香。"

黄金桂以当年4月上旬采摘、种植于闽南当地或闽北当地的黄金桂茶树的一芽二三叶之青叶为原料，或在闽南以铁观音制作工艺制作铁观音类闽南乌龙茶品，或在武夷山以大红袍制作工艺制作大红袍类闽北乌龙茶品。

一般而言，铁观音类黄金桂的干茶条索细致；色翠中闪黄，润亮；花香浓郁，有春草的清香穿行而过。以100摄氏度的沸水冲泡，且一冲一饮，汤色金黄，清澈明亮；汤香如秋日金桂飘香，清新又香甜；汤味润滑爽柔，茶鲜味明显；微涩，回甘饱满；茶底柔软、匀齐、鲜亮；叶片中间翠绿，边缘现朱砂红，明艳动人。鲜甘味与爽滑柔润的质感结合在一起，加上桂花清新的香甜和金黄明亮的汤色，构成一种青春少年神采飞扬的茶意。

大红袍类黄金桂的干茶条索紧致；茶香如带着春草清新的花香，夹着武夷岩茶特有的焙火醇香，茶香扑鼻；茶色褐中带青黄，润亮。用100摄氏度的沸水冲泡，且一冲一饮，茶汤色杏黄，明澈透亮；汤香为秋日丹桂的甜香，伴着大红袍焙火的醇香，香而不艳，浓而宜人；汤味醇滑柔润，植物鲜明显，微涩，回甘饱满；茶底柔软、匀齐、明亮；叶片中间褐绿，边缘现朱砂红，优雅而美丽。醇滑鲜甘的汤味，加上雅丽香甜的汤香和明艳的汤色，构成了一种有为青年意气风发的茶意。

无论是铁观音类少年般的神采飞扬，还是大红袍类青年般的意气风发，饮黄金桂，观其色，闻其香，品其味，就不免想到"金色年华""风华正茂"之类的成语。

茶语

风华正茂。

江山美人茶

江山美人茶属于青茶（乌龙茶）中的闽南乌龙，产于福建省三明市大田县，以被小绿叶蝉噬咬过的白毫乌龙茶茶树之青叶制成，为三明市特产，也是福建省的特色茶和名茶。

江山美人茶原产地在台湾的新竹、苗栗一带。当地茶农在小绿叶蝉虫灾后，偶然发现被其噬咬过的茶青叶，用原有的乌龙茶制作方法加以制作后，茶品具有了独特的色、香、味，从而有意繁殖小绿叶蝉噬咬青叶，以制成独特的茶品。因独具特性，该茶品广受欢迎，遂成台湾一大名茶。相传，英国维多利亚女王喝了此茶后，赞不绝口，因茶汤色泽橙黄透亮，味醇甘，花香与蜜香绵柔，故赐名"东方美人"。由此，该茶品便被称为"东方美人茶"。

东方美人茶的制作方法于1999年由台湾茶商引入原就有悠久种茶、制茶历史的福建省三明市大田县屏山乡，其茶品原名亦为"东方美人"，后因涉及商品名专有权，于是改名为"江山美人"。江山美人茶属中发酵

的青茶（乌龙茶），但为中发酵的青茶（乌龙茶）中发酵程度较高的茶品，一般发酵程度在 60% 以上。其以被小绿叶蝉噬咬过的白毫乌龙茶树之新生的青叶为茶源，用传统闽南乌龙茶制作工艺制作。茶品的干茶为条索状，条索紧致挺秀，色褐绿，白毫显露，有润光；果香甜蜜。用 100 摄氏度的沸水冲泡，且一冲一饮，茶汤橙黄明丽，色如香槟酒，清澈透亮。茶汤晃动间，可见金光闪耀；汤香为夏日的甜果香加蜂蜜香，香甜清新，蜜香绵悠，馥郁宜人；汤味醇滑润爽，绵软细柔，不苦无涩，入口即有植物特有的甜味，饱满且悠长；茶底绿黄相间，柔软，展开可见小虫噬咬的虫洞、叶片边缘呈现摇青时形成的朱砂红色，给人一种残缺的美感。

江山美人与众不同的色、香、味由小绿叶蝉在噬咬过程中，唾液与青叶中的茶酵素相互作用而成，茶农甚至说，小绿叶蝉噬咬程度的高低决定了江山美人茶源品质的高低——噬咬度越高，茶源品质越高，反之则越低。为此，江山美人茶在生长过程中不能施农药，以免小绿叶蝉被杀灭。故而，从无农药影响的角度讲，也有人认为，东方美人茶也是一款绿色茶品。

江山美人是残缺的，但在残缺中，它生成了一种自己的美，生长出了这一属于自己的美的特质，并终于使这一美名扬天下。

茶语

让残缺变成一种美丽。

金观音产于福建以及闽浙交界地区，以金观音茶树之青叶为原料，以乌龙茶制作工艺制成。因作为主产区的闽北地区和闽南地区均有种植和生产，所以，以大红袍作为商品名的闽北乌龙和以铁观音为代表的闽南乌龙中，都有以其为单一茶源或拼配茶源的茶品。

金观音茶树并非天然生成，而是福建省的茶叶科研人员与茶农一起，以铁观音为母本，以黄金桂为父本，从 1978 年至 1999 年，历经 20 多个春秋，采用杂交育种育成的无性系茶树良种。这一茶树新品种在 2000 年通过福建省审定，2002 年通过国家级审定。因其遗传特征倾向于母本铁观音，而其父本"黄金桂"中有一"金"字，故被命名为"金观音"。而又因其为科研人员与茶农一起，用科研方法育成，故又被称为茗科 1 号，其茶品亦以此命名。以金观音茶树之青叶制作的乌龙茶，花香浓郁、茶汤鲜醇，自问世以来，广受茶人欢迎，目前，金观音已进入福建省名茶的行列。

金观音（乌龙茶类）以当年四五月上旬至中旬新生并展开的当地种植的金观音茶树之一芽二叶、三叶及嫩茶为原料，用乌龙茶制作工艺制作而成。其干茶条索紧致圆整；色褐绿，品质优者有润光闪耀；花香芬芳。以100摄氏度的沸水冲泡，且一冲一饮，茶汤色金黄或橙黄，清澈明亮；汤香以夏末初秋田野中的百花香为主香，乌龙茶特有的醇香穿行其中，香气浓郁而悠长；汤味醇滑，植物特有的鲜爽味明显，微涩，回甘迅速，品质优者回甘饱满而稳定；茶底肥厚鲜亮，匀齐整洁。

品饮金观音，常会联想到"无中生有"一词。过去，我常将"无中生有"划归为贬义词，把它与"造谣生事""阴谋"等联系在一起。而在知晓了金观音的来历后，我对"无中生有"一词有了新的理解，认识到这"无"中生出的"有"也有可能是良性的，生出的也可能是善行，是好事，是优品，比如金观音的育成及茶品的问世。

茶，真是我的良师！

# 静茶·高脚乌龙

　　静茶·高脚乌龙属于青茶（乌龙茶）中的闽北乌龙之武夷岩茶，产于福建省南平市武夷山市，以高脚乌龙茶树当年所生长的新叶制成。因其种植量少，产量低，产品稀少，属武夷岩茶中的小品种茶。静茶·高脚乌龙由静茶（福建）茶业有限公司（以下简称静茶茶业）制作出品，为该公司的一大特色茶品。

　　与武夷岩茶中的另一个品种——灌木状的矮脚乌龙相比，该品种的乌龙茶树较高，故被称为"高脚乌龙"。在我所品饮过的高脚乌龙中，静茶茶业所产的高脚乌龙给我留下了最深刻的印象。

　　静茶·高脚乌龙以当年5月上旬至中旬采摘的种植于武夷山的高脚乌龙茶树之新生并展开的青叶为原料，用武夷岩茶制作工艺制作，为单一的纯品种茶。其干茶乌黑有亮光，香为五月槐花香。醒茶时，干茶与盖杯壁及茶叶与茶叶间相碰，发出"沙拉沙拉"的沙铃声。以100摄氏度的沸水冲泡，且一冲一饮，茶汤色为淡棕色，给人一种春日暖阳的温和感。汤香在前3道茶中是高脚乌龙中常见的槐花香；第4—6道汤中出现了高脚乌龙中少见的红枣香，那种带着阳光味的红枣的甜香如此温柔而温暖，将人一下子拉入了茶的温馨暖香中；至第7—9道茶汤，红枣香中又出现了粽箬香，那种粽子煮熟后出现的香气，清新又清爽，与红枣的温甜香结合在一起，茶汤便有了温清甜爽的特殊香味。汤味醇滑润顺，更有一种柔糯的感觉，植物甜明显。茶底柔软匀净，色褐绿，红枣香与粽箬香相结合的茶香余香悠长。

　　静茶·高脚乌龙与其他厂家生产的高脚乌龙茶最大的不同之处在于它特有的茶香——红枣香、粽箬香及两者混合后产生的清温甜爽之香，还有它那特有的醇糯柔甜的茶味。这茶香和茶味的结合，令饮者产生红枣粽子的联想。红枣粽子的糯香与柔味又让人产生了端午节吃粽子的感觉，这款茶便有了端午节的意境——五月端阳，春光融融，布谷鸟在天上飞，村口大槐树花香飘荡。母亲在院子里忙着包粽子，嫂子们忙着在厨房里煮粽子，男人们在堂屋里讨论着明天龙舟赛中如何战胜邻村的对手，枣香、粽箬香、糯米香飘荡在村子的上空，孩子们快乐地边跑边叫："吃粽子，吃粽子！"静茶·高脚乌龙将一幅中国传统农村温馨、热闹、祥和的五月端阳风俗画展现在饮者面前。

茶语

　　五月端阳的思念。

# 老 丛 水 仙

　　老丛水仙是武夷岩茶中的一种茶品品类，以长在武夷山的树龄为 60 年（中国传统纪年的一甲子）及以上的水仙品种茶树的青叶制成。近年来，因老丛水仙畅销，也有厂商以 50 年左右，乃至三四十年左右树龄的水仙品种茶树的青叶制成茶品，冠之以"老丛水仙"的茶名，有知茶者将这些"老丛水仙"称为"高丛水仙"。

　　就总体而言，老丛水仙汤色为棕中带黄或棕色；汤味柔润顺滑；汤香被称为"老丛香"，即或为青苔香，或为茶树木质香，或为炒米香，或为粽箬香；有微涩味，但回甘迅速且悠长。相比较而言，生长于武夷山景区

的正岩地区且用传统工艺制作的老丛水仙，其干茶色泽乌黑中闪着墨绿的油光；汤色呈深棕色；汤味更为柔润顺滑；汤香中老丛香更为明显和持久；茶气颇足，通气、通血、通经络的功效明显，且更耐泡，一般可泡十五六道水，而冲泡后再加以煮泡而得的茶汤，大都还会具有甘蔗的清甜味和清甜香。

# 龙泉金观音

　　龙泉金观音产于浙江省丽水市龙泉市，以金观音茶树的青叶为原料制成，是浙江省首款也是至今唯一的一款乌龙茶，为龙泉市特产，也是浙江省名茶。因其以种植于龙泉的金观音茶树的茶青为原料，在龙泉制作，故被命名为"龙泉金观音"。

　　龙泉有悠久的产茶史，在明、清两朝，龙泉所产之茶被列为贡品。而早在1000多年前的五代十国时期，龙泉茶农就从邻近地区（今武夷山市）引进了乌龙茶茶种以及乌龙茶茶树种植，并引进乌龙茶茶品制作技术，在龙泉种植和生产乌龙茶，开始了龙泉乌龙茶的历史。因龙泉的凤阳山属于武夷山脉，地理和气候条件适宜种植乌龙茶茶树，故而千余年来，龙泉茶农一直有种植和制作乌龙茶的传统，其生产的水仙类乌龙茶也曾颇负盛名。后因市场需求的变化，绿茶占据了压倒性优势，乌龙茶的生产不断减少，龙泉所产乌龙茶的知名度也日益弱化，龙泉乌龙茶几近湮灭。

　　金观音是福建省科研人员与茶农合作，历经20

多年研制成功的茶树良种，其青叶宜制乌龙茶。2004年，龙泉市从福建省引进了金观音茶树种，并大面积种植，从而使龙泉乌龙茶走上了重振辉煌之路。如今，龙泉金观音已成为龙泉的一张名片，与著名的龙泉青瓷、龙泉宝剑一起，并称为"龙泉三宝"，也在名茶众多的浙江省进入名茶行列。

龙泉金观音以5月上旬采摘的当地种植的金观音茶树之新生并展开的一芽二三叶新叶为原料，以闽南乌龙铁观音制作工艺制作。其干茶为螺钉状，色深绿鲜润；乌龙茶特有的醇香中，有春天花草的清香忽隐忽现。用100摄氏度的沸水冲泡，且一冲一饮，茶汤色棕黄明亮，随着茶汤的波动，有润泽的绿色在汤中闪动；汤香前3道为乌龙茶的醇香加春天的花香，之后，醇香渐淡，繁复的花香转为清雅的兰花香，兰香幽且悠，引人想起空谷之中独自花开花落的幽兰；汤味醇滑鲜爽，涩淡，回甘明显，与幽幽的兰香融合在一起，饮之，有饮花露之感；茶底柔软，明亮，匀齐。

品饮龙泉金观音，常有一种春之快意和欢乐在心中涌动。唐代诗人刘禹锡以"晴空一鹤排云上，便引诗情到碧霄"（《秋词》）来抒发自己感受到的秋之快意和欢乐，而春日芳菲天，坐在龙泉披云山农家小楼露台上观春色，春花漫山遍野。春光变化万千，一缕春风拂面，3盏龙泉金观音入喉，也会令人生发"便引诗情到碧霄"的快意。当然，那是春之快意了！

茶语

*春之快意。*

# 肉                                    桂

肉桂属于青茶（乌龙茶）之闽北乌龙中的武夷岩茶，主产于福建省南平市武夷山市，以肉桂茶树之青叶为原料，目前与水仙（岩茶茶品）并称为武夷岩茶的两大当家品种。因其茶香似作为烹饪调料的香料——桂皮，而桂皮香又与可作为中药和烹饪调料的肉桂香大同小异，故被称为"肉桂"。

岩茶肉桂于清代乾隆年间被发现，后经人工栽培和大面积种植，历经约 200 年，如今已成为武夷岩茶的当家品种之一。肉桂茶品以当年 5 月上旬新生且展开的肉桂茶树之新叶为原料，以武夷岩茶制作工艺制作，其干茶条索肥壮，色褐，大多有浓郁的花香，有的会有果香或花果混合香。以 100 摄氏度的沸水冲泡，且一冲一饮，因焙火温度和时间的不同，茶汤色泽或土黄，或棕黄，或棕褐，汤香为浓郁的花香，有的会出现果香或花果香。品质上乘者，会随冲泡次数的增加，依次由花香、果香或花果香向牛奶香，继而向兰花香转变，最后定格在空谷幽兰般的幽香中，直至茶尽，仍余香悠长；汤味醇厚，微涩，有回甘，入喉有滞感，即岩茶特有的"岩骨"感；茶底褐黄，品质上乘者质感柔软如丝绸，余香袅袅。

与其他岩茶相比，肉桂的最大特征是浓郁的茶香，以及茶香入水带给茶汤特有的口感，武夷山茶人将此称为"霸气"。茶人所谓"肉桂品香，水仙品汤"之"品香"，就是品肉桂的这一浓郁的香之"霸气"。

对于武夷岩茶的品鉴，武夷山人传统的说法是肉桂以牛栏坑所产为最佳，水仙以慧苑坑所产为最佳。作为以山场论茶品为最佳的牛栏坑肉桂，其茶汤香圆融悠长，大多有从桂皮香经牛奶香转为兰花香的变化过程；其茶味醇润厚滑，入口即化，入喉有骨鲠在喉感。如以武林门派来形容，牛栏坑肉桂可谓如太极功夫，圆融厚重绵柔，蕴霸气于雄浑之中。相比较而言，与以牛栏坑肉桂（简称为"牛肉"）为代表的坑润肉桂相比，以马头岩肉桂（简称为"马肉"）为代表的岗上肉桂的茶汤香气十分突出，花香袭人，茶汤味更具醇滑感，茶汤入喉后体会到的骨鲠感也较硬；以竹窠肉桂（谐音简称为"猪肉"）为代表的山洼洞旁肉桂的茶汤香较幽且悠长，尾香和杯底香中的兰花香更为明显，茶汤味更显醇爽润滑，茶汤入喉后体会到的骨鲠感较软。总之，因具体产地的地理环境、采摘时间的气候条件、制作者的理念与手法以及冲泡者的手法的不同，肉桂的色、香、味也会千变万化，带给饮者无穷的茶感。当然，万变不离其宗，肉桂基本的特征必须是"霸气"。

也正由于肉桂的"霸气"，与茶友们一起品饮肉桂，总会喝出一腔豪情，为改变弱国命运而牺牲的"戊戌六君子"中的谭嗣同在慷慨就义时写下的那句"我自横刀向天笑"的诗句便会在我的脑海中浮现。那种不惜为国为民捐躯的豪情壮志，当是真豪情、真壮志，令后人景仰！

---

**茶语**

我自横刀向天笑。

# 三 涧 深

　　三涧深是一款武夷岩茶茶品的商品名，其产于福建省南平市武夷山市。武夷岩茶属以发酵程度划分的中国六大茶类中的青茶（乌龙茶）类，以及青茶（乌龙茶）中按制作工艺划分的两大类茶品——闽北乌龙和闽南乌龙中的闽北乌龙。因此，就大类而言，这款茶品属青茶（乌龙茶）中的闽北乌龙。三涧深茶品以在武夷山当地种植的岩茶品种茶树肉桂之青叶为主要原料，由武夷山正山世家茶业有限公司制作（该公司所产茶品的商标名为：金日良茗），为该公司的主打茶品之一，受到诸多茶人的喜爱。

　　作为公司的主打产品之一，三涧深以5月上旬采摘的、种植于武夷山正岩地区水帘洞景区的肉桂品种茶树新生并展开的青叶为主要原料，以武夷岩茶传统制作工艺制作而成。其干茶为条索状、褐色，有墨绿的毫光在

其间闪耀；岩茶特有的茶香深厚，隐现春花的清香。用 100 摄氏度沸水冲泡，且一冲一饮，茶汤色为黄棕色，如春日午后的阳光，明亮而温暖。汤香前 5 道汤以春花的清香为主香，伴随着肉桂品种茶叶特有的桂皮香；从第 6 道汤开始，转为花果香，春花的清香和着夏果的甜香，令人心旷神怡；从第 10 道汤开始，汤香又转为幽幽的兰花香，空谷幽兰之香清雅而悠长，直至茶尽。相比之下，杯盖香始终是幽幽的兰花香；杯底香则是：前 3 道汤为柔和的桂皮香，后转为兰花的清香。汤味稠厚醇柔，润顺绵滑，入口即化作满口的茶味，入喉后茶韵悠悠；涩味不显，茶汤入口即感满口的柔绵甜味。香味与汤味圆融地结合在一起，汤中有香，香中有甜，香味醇厚，甜味柔绵，让人再一次体会到为何武夷岩茶的茶汤要称为"汤"而非"水"。茶气颇足，3 盏入腹，便有暖流在胸腹间流动；6 盏茶后，额头有微汗沁出；8 盏茶后，冰冷的足底回暖，全身暖意融融。茶底墨绿，柔软，匀净。

　　我是在杭州 12 月阴冷潮湿的冬日午后品饮三涧深的。温暖明亮的汤色和醇厚柔绵润顺的汤味，把我从连日冬雨带来的阴冷寒湿导致的晦暗心境中拉了出来，充足的茶气引发的气通、血通、经络通驱走了身上的寒意，让我在三涧深温暖的环抱中，周身舒泰；茶之花香、果香加上茶味的柔甜让我进入春的美景中。尽管窗外仍是冷风阵阵，寒雨淅沥，天气阴沉，但身与心却如"春风又绿江南岸"（王安石《泊船瓜洲》），是春光明媚、春暖花开了。看来，茶也是一位技术高超的治疗师呢！

茶语 | 严冬中的明媚春天。

水
金
龟

水金龟属于青茶（乌龙茶），为闽北乌龙中的武夷岩茶，产于福建省南平市武夷山市，由当地水金龟茶树之青叶制成，为小品种茶，也是武夷岩茶之四大名丛（白鸡冠、铁罗汉、水金龟、半天妖）之一。水金龟因其长在树上的青叶在阳光下有金光闪烁，如水中金龟背上的金色，故被称为"水金龟"。

水金龟在清代就出现在武夷岩茶品名中。在清末，原在牛栏坑旁社葛寨峰山腰处，属天心禅寺庙产的水金龟母树被一场暴雨连根冲到牛栏坑底的石凹处，由该处茶园主砌圩培土，才得以存活。由此，该茶园主认为其拥有此茶树的产权。于是，一场耗资千金、轰动四方的诉讼在天心禅寺和该茶园主之间展开，历时数年，水金龟因此被人们进一步认识和关注，声名远扬。

水金龟每年 5 月中旬开采，以当地种植的水金龟茶树之新生并展开的青叶为原料，用武夷岩茶传统制作工艺制作。其干茶条索壮硕紧致；色褐青，有润光闪烁；茶香为花香，清雅细幽。以 100 摄氏度的沸水冲泡，且一冲一饮，茶汤色金黄或橙黄，随着水纹一闪一闪；汤味清醇软滑，入口即化为满口清甜；汤香是幽幽的冬日蜡梅香，时有时无，似有似无，刻意寻之寻不得，不经意间却又有一缕梅香扑面而来，令人不得不静下心来，细细寻访，细细品之，慢慢饮下一盏带有蜡梅香的金色茶汤。水金龟汤香幽幽，汤味柔醇绵甜，茶气很足。3盏入喉，嗝声不断，气通了；6盏入腹，头上有微汗沁出，通身暖融，血通了。而茶汤入喉就有骨感出现，又让人在绵柔舒泰中感到了刚硬。与汤香需静心才能品之一样，这水金龟茶气的产生也需以静心为前提——安静地喝，专注地品，茶气才能产生，若心有旁骛，茶气便会发散，而这也是水金龟与其他武夷岩茶的不同之处。茶底绿褐，叶片匀齐，叶面中间为绿色，边缘为朱砂色，可见武夷岩茶的"绿叶红镶边"特征明显。叶片可展开，可细细观赏之。

这是一款不静心不得品饮之茶，也是一款能让人静下心来安详地品饮之茶。

与四大名丛中的其他茶品相比，水金龟更是一款品尝"汤之美"的茶品。所以，武夷山人素有"喝铁罗汉闻香（茶香），喝水金龟品水（茶汤）"之说。

水金龟有谦和的君子之风：不急不躁，不争不怒，宁静致远；淡然安详，温文尔雅，蕴刚硬于柔和，威而不猛，柔而不弱。毛泽东同志在《卜算子·咏梅》一词的卜阕中称赞梅花："俏也不争春，只把春来报。待到山花烂漫时，她在丛中笑。"梅花如此，武夷岩茶之水金龟亦如此。

必须指出的是，第一，水金龟的汤香为蜡梅香，而非谬传的春梅香。虽同为梅花，蜡梅的幽香与春梅的雅香乃至丽香是完全不同的。第二是要知水金龟的"汤之美"还得知晓蜡梅的香味。曾有友人因不知蜡梅香味而不得水金龟之幽香，谓之无香。直到来了杭州，冬日至灵峰探梅知晓蜡梅之香后，才知水金龟真香何在。为使饮茶人更好地享用水金龟，特此提醒之。

茶
语　　谦谦君子。

水

　　水仙主产于福建省，以水仙品种茶树之青叶制成。水仙茶原产地在福建北部的建阳，传说，最早在建阳的祝仙洞旁有樵夫发现该品种茶树，进行人工种植并用茶青制成茶品，该茶树及茶品被称为"祝仙茶"。后传到邻近建阳的崇安（今武夷山市），因建阳方言中的"祝"与崇安方言中的"水"同音，故被崇安人称为"水仙"并流传至今。

　　水仙茶树在 1000 多年前就被人发现，在清朝中期被人工栽培、种植。至 20 世纪初传入闽南永春一带，20 世纪中期又传入闽南安溪一带。如今，闽北地区的建阳、建瓯、武夷山，闽南地区的永春、安溪，闽西地区的漳平等地都已成为主要种植区，并形成了当地特色品种茶树及相关茶品，如武夷岩茶水仙、漳平水仙、永春水仙、安溪水仙等。其中，武夷岩茶水仙与肉桂一起成为武夷岩茶的两大当家品种；漳平水仙作为乌龙茶中唯一的紧压茶，茶韵独树一帜；永春水仙、安溪水仙也成

仙

为闽南铁观音类茶品中重要的茶源。而在千余年历史进程中，水仙茶种也流传到了四川、陕西、广东、海南、台湾等地，在多地得到种植，并被制成当地特色茶品。

水仙茶以当年新生并展开的水仙品种茶树之青叶为原料，就总体而言，其干茶大多条索紧结，色乌褐，有光泽，茶香有的馥郁，有的清雅，青茶特有的醇茶中有兰花香飘荡。以100摄氏度的沸水冲泡，且一冲一饮，茶汤色橙黄清澈，在阳光下有金光闪烁；汤香为春天的兰花之香，芬芳中带着清新，清新中融着芬芳，佳者汤香悠长，茶盏壁的挂杯香悠长，泡茶的盖杯的杯盖香清爽明净，无杂香。汤味醇滑润爽，微涩，有回甘，入口茶味悠悠、齿颊留香。有的茶鲜味明显，形成特有的鲜香。茶底叶片肥厚柔软，匀净洁整。有的叶片背后可见白色沙粒状结晶，俗称"蛤蟆背"。加工后形成的叶片色呈"绿叶红镶边"，其分布大致为"七分绿、三分红"。当然，因产地的自然地理环境、采摘时的气候条件、制作工艺和手法的不同，不同的水仙茶品也呈现出不同的特征，具有各自的茶韵。

就总体而言，水仙茶给人一种春意盎然的茶感，即使在秋叶飘零的深秋或寒风阵阵的冷冬，品着水仙茶也让饮者感到春光融融。唐代大诗人白居易在初夏见到大林寺桃花时，曾作《大林寺桃花》："人间四月芳菲尽，山寺桃花始盛开。长恨春归无觅处，不知转入此中来。"桃花如此，春尽后在茶盏中寻得的兰花香又何尝不是如此？借用大诗人白居易这首咏桃花诗，改动几个词，成咏"水仙茶"诗："人间四月芳菲尽，盏中兰香次第来。长恨春归无觅处，不知杯中春常在。"

茶
语 | 春归处，春常在。

# 天沐 · 老枞水仙

　　天沐 · 老枞水仙属于青茶（乌龙茶）中的闽北乌龙，产于福建省南平市武夷山市，以60年以上树龄的水仙茶树之青叶为原料制作，由武夷山市天沐岩茶厂出品，为武夷岩茶。

　　据说，品饮老丛水仙之风是在2012年开始盛行于福建的，现在在浙江、北京等地的不少饮者中也成为时尚。由此，武夷山市天沐岩茶厂所产的、以产于正岩地区的水帘洞附近，生长期在60年以上的水仙之新叶为原料，以武夷岩茶（大红袍）制作技艺制作的老丛水仙，就日益受到许多饮者的关注和喜爱了。

　　武夷山市天沐岩茶厂在武夷山水帘洞附近有自己的山场，所产老丛水仙以每年5月上旬新生并展开的60年以上树龄的老丛水仙之青叶为原料制作。天沐 · 老枞水仙的干茶为条索状，茶色乌润；因用中足火烘焙，干茶

飘散着炭香，岩茶特有的茶香浓郁，隐隐的花香夹在杂茶香和炭香之中。以100摄氏度的沸水冲泡，且一冲一饮，茶汤色前3道为深棕色，后转为黄棕色，且一直保持至茶尽，黄棕色变化不大，给人一种沉稳感。汤香前5道以炭香为主香，兰花的清香夹杂其中；之后，炭香减弱并渐行渐消，以兰花香为主调的花香成为主香，且兰香渐行渐变；至7道汤后，空谷幽兰之香沁人心脾，又增添了薄荷的清香；12道汤后，兰花香转成棕箬香，直至茶尽，仍余香不绝。汤味前3道浓醇，有涩味，但回甘迅速且饱满，入喉有骨鲠感。之后，随着冲饮次数的增加，汤味越来越柔滑醇润，入口即如丝绸般滑入喉中，涩味全消，回甘转为入口即甜——那种植物特有的清甜。这柔醇的清甜和清甜的柔醇，加上春兰的幽香、薄荷的清香、棕箬的雅香，以及茶棕色的沉稳，如大山中漂着花瓣的淙淙春水，将柔情、馨香和甘甜带给饮者，令人陶醉。茶底柔软如丝绸，色青褐，匀净。

天沐·老枞水仙很耐泡，冲饮15道后仍茶味悠长。而在冲泡之后，还可煮泡2次。每次加2道汤的水量煮开后，茶汤有棕箬香、甘蔗甜，作为茶饮美妙无比。

需说明的是，惯饮绿茶、黄茶类清淡茶品者在品饮这一款老丛水仙时，前3道必须快出水，否则会觉得茶味太浓、涩味太重。而这涩味恰恰是爱喝浓茶，尤其是惯饮重焙火乌龙茶的武夷山人及广东潮汕人的最爱。

（注：天沐·老枞水仙属老丛水仙，但因其名称为商品名，故其中"枞"不修改为"丛"。）

茶语

春淙醉柔。

铁观音属于青茶（乌龙茶）中的闽南乌龙，产于福建、广东、台湾等地，原产地在福建省南部，福建省泉州市安溪县是产量最高、盛名远扬的铁观音产地，故而，也有人以安溪铁观音为铁观音的代表性茶品。铁观音以乌龙茶茶树当年新生并展开的青叶为原料，用特有的铁观音茶品制作工艺制作，因"形似观音重如铁"而被命名为"铁观音"，为闽南特产，也是福建省名茶和中国传统名茶。

铁观音为中发酵茶，发酵程度为30%—50%，为乌龙茶（青茶）中发酵度较低的茶。因发酵程度和烘焙时间不同，铁观音又可分为清香型和浓香型两大类。其中，清香型茶品的汤香飘逸飞扬，有春风得意之感；浓香型茶品的汤香沉稳优雅，有名士之风度。其汤色、汤味也较清香型铁观音深沉和醇厚，相比之下，清香型铁观音的色、汤更显亮丽和爽滑。

在我所品饮过的铁观音茶品中，有几款印象颇深，其中之一是魏氏铁观音。魏氏铁观音由传统老字号中闽魏氏用传统工艺制作，属中发酵茶。其汤色黄棕、澄明；汤味爽厚，回甘迅速而悠长；茶香是清新的春兰香中夹有木炭的香味（俗称炭香），挂杯香持久。魏氏铁观音仿佛一位坐在老茶馆中喝茶的老者，历经人间沧桑后，恬淡悠然地看着面前的熙熙攘攘。犹如稼轩词云："少年不识愁滋味，爱上层楼。爱上层楼，为赋新词强说愁。而今识尽愁滋味，欲说还休。欲说还休，却道天凉好个秋。"（《丑奴儿·书博山道中壁》）历经沧桑事，遍闻人间情，一杯茶在手，已是闲淡人。所以，在很长一段时间里，凡写学术论文时，我都会泡上一泡魏氏铁观音，在它氤氲的茶香中获得历史的灵感。因此，如论茶语，魏氏铁观音可谓"沧桑"。

与魏氏铁观音的历史沧桑感相比，华祥苑铁观音给人的感觉是随风飞扬的飘逸。华祥苑铁观音属低发酵茶，汤色明黄，汤味爽滑轻盈，回甘清爽；香如秋兰，夹带着野地青草的清香，弥散性强。有很长一段时间，我经常乘坐飞机在浙闽两地来往，在福州和厦门机场，常有华祥苑铁观音的茶香飘散在空气中，这常让我想到魏晋时期的士人们，白衣飘飘狂发乱飞，在山林中呼啸而过……所以，如论茶语，华祥苑铁观音可谓"飞扬"。

我之所以记住了日春铁观音，首先是因为它特有的冷香。在我喝过的铁观音茶品中，一般挂杯香都是温香、热香。而日春铁观音的挂杯香除了有热香、温香外，茶尽杯凉后的 20 分钟内，杯壁仍留有余香，并慢慢化作空谷幽兰之香，形成了特有的茶意。日春铁观音的汤色鹅黄淡绿，有一种彩墨国画的淡雅；汤味柔滑，微微的涩味迅即化为满口的回甘；汤香温和悠长，如暮春初夏的野兰之香。日春铁观音给人一种秀丽文雅之感，于是，那些民国才女少女时的面容浮现在眼前：冰心、林徽因、张幼仪、林巧稚……文雅秀丽，才华横溢。所以，如论茶语，日春铁观音可谓"秀雅"。

在哈龙峰铁观音系列产品中，我印象较深的是"双龙戏珠"，而之所以如此，是在于它的"守规微违"。"双龙戏珠"的汤色金黄明亮；汤香如暮春兰香，温香盈盈；茶汤入口微涩后迅速回甘满口，一切都如此循规蹈矩，可在茶书中找到对应。但在每一罐中，总有几泡的茶香或明或暗地包含着三秋桂子香，春兰秋桂形成新的茶之意境，兰桂飘香呈现与众不同的茶之意韵。对茶书所说铁观音茶香特征的违背，使得原本规规矩矩的"双龙戏珠"有了灵动之感，成为对孔子所云"七十而从心所欲，不逾矩"（《论语·为政》）之形象性的茶之解释。所以，如论茶语，"双龙戏珠"可谓"从心所欲，不逾矩"。

铁观音有清香型和浓香型之分，相比较而言，我更喜欢清香型，所以我对铁观音的感受更多来自清香型铁观音。当然，我也不是不品浓香型铁观音。在我所品味过的浓香型铁观音中，印象最深刻的是八马铁观音。

浓香型八马铁观音是铁观音中的高发酵茶，因而汤色棕黄，汤味醇厚而滑软，汤香是秋阳下的兰香且带着些微烈日暴晒后枯叶的干香，虽无武夷岩茶之"岩骨"茶韵，但汤色、口香、汤味已接近武夷岩茶。与清香型铁观音相比，确实可谓"香浓"，且不止香浓，色亦浓，味亦浓，给人一种秋天丰收的充实感。故而，现在在一些拼配型武夷岩茶中，铁观音也成为配茶之一，以增加茶汤的香气和柔滑度。所以，如论茶语，八马铁观音可谓"丰收"。

不同的铁观音茶品营造出不同的意境，给饮者不同的感受。于是，品饮铁观音就如同在不同时空中穿越，奇妙无比，回味无穷。当然，我认为，无论如何变化，铁观音始终以香先行、以香为核心。

茶语

有香永续。

# 铁　　罗　　汉

　　铁罗汉属于青茶（乌龙茶），为闽北乌龙中的武夷岩茶，产于福建省南平市武夷山市，以当地种植的铁罗汉茶树之青叶制成，为武夷岩茶中的小品种茶，也是武夷岩茶四大名丛（白鸡冠、铁罗汉、水金龟、半天妖）之一。

　　铁罗汉创制于清朝乾隆年间，距今已有约300年的历史。其原产地在今武夷山风景区核心区的慧苑寺旁的岩缝中，慧苑寺离慧苑坑不远，而慧苑坑自古以来就被认为是产武夷岩茶的胜地，名列武夷岩茶传统产茶胜地之"三坑两涧"之列（余者为牛栏坑、倒水坑、流香涧、悟源涧）。故而，就山场而言，铁罗汉的原产地为慧苑坑。

　　铁罗汉传说是由当时慧苑寺中的一位法号积慧的僧人创制的。积慧长得十分魁梧，肤色黝黑，少言而力大如牛，人送俗称"铁罗汉"。他善种茶、制茶，所制之茶较乡邻所制更香、甘、醇、润，深受大家喜爱。一日，他在慧苑寺旁山中的岩缝中发现一株未曾见过的新品种茶树，采下青叶制成茶品，众人品之，较其他茶品更为香醇甘润。因这一品种是俗称"铁罗汉"的积慧僧人所发现并制成茶品的，众人便将这一茶树新品种命名为"铁罗汉"，而用这一品种茶树之青叶所制成的茶品也被称为"铁罗汉"。之后，经茶农的广泛栽种，铁罗汉一度成为武夷岩茶中的主要茶品之一，而其扩散性和穿透性都十分强大的茶香（包括干茶香和茶汤香），以及良好的品质，也使得"铁罗汉"一度成为武夷岩茶的代表性茶品，人们曾以"铁罗汉"统称武夷岩茶，就如同今天人们常以"大红袍"统称武夷岩茶一样。

　　铁罗汉以采摘于当年 5 月上旬种植于当地的铁罗汉茶树之新生并展开的青叶为原料，以武夷岩茶传统工艺制作。其干茶条索紧致而粗壮；色青褐亮润；干茶香如夏末初秋山中的野花之香，馥郁而清爽。以 100 摄氏度的沸水冲泡，且一冲一饮，茶汤色棕黄，如一块润净的上好琥珀，安卧在白玉色的瓷盏中，雅丽而华贵。汤香是浓郁的秋兰之香，四五道水后转为混搭的夏日水果之香，犹如一大盘水果拼盘放在面前，甜香扑鼻；从第 9 道水开始，渐淡的水果香转为带着薄荷味的春兰的幽香。这一带着薄荷清凉之味的幽兰之香，清雅而悠长，直至茶尽，口有余香。铁罗汉的香气扩散性和穿透性都很强大，沸水入盖杯便满室生香；一盏入口，便满口留香；茶尽后，仍余香缭绕，经久不散。汤味厚实、柔绵、润滑。一茶入口，嚼之如有物，咽之如骨鲠在喉，柔厚滑润的口感与骨鲠在喉感结合在一起，使对唐代诗人王维"清泉石上流"（《山居秋暝》）的诗句有了切身的感受。茶汤有涩味，但回甘迅速且醇厚，3 道水后，涩味渐消，直至第 7 道水，汤味中有了些微的茶叶特有的植物的甜味，这甜味虽然幽但悠长，如君子之交，淡淡的、静静的，但持之以恒，地久天长。茶汤的茶气颇足，3 盏入喉，便出现饱腹感，标志着气通的打嗝声不断，似乎真的已腹中满满；6 盏入喉，饱腹感中出现了饥饿感，即使在菜足饭饱的餐后，也会感到饥肠辘辘，而身上和头上则有微汗渗出，表明已是血气通顺。

　　茶底色褐绿，叶片边缘为朱砂红色；叶片背后叶脉突出，上有沙粒状白色突出物，为武夷岩茶典型的"绿叶红镶边"加"蛤蟆背"；叶质粗糙但柔软，如不停劳作的母亲的双手。

"岩骨花香"是武夷岩茶的主要特征，而在诸多的武夷岩茶茶品中，就总体而言，铁罗汉可谓是最突显武夷岩茶这一特征的茶品。故而，铁罗汉一度成为武夷岩茶的通称。在中国传统文化意境中，"岩"与硬相通，"花"与柔相通，铁罗汉恰恰被冠以"铁"字，将铁罗汉茶品的"岩骨花香"拟人化，"铁骨柔情，心香悠悠"这 8 个字恰如其分。

茶语

铁骨柔情，心香悠悠。

# 文山包种茶

　　文山包种茶为青茶（乌龙茶）中的闽南乌龙中的台湾乌龙茶之清香型乌龙茶。产于台湾北部的台北市、桃园县一带，以当地种植的乌龙茶茶树之青叶制成，为当地特产，也是台湾名茶，与冻顶乌龙一起，以"南冻顶、北文山"之称享有盛名。

　　"包种茶"之名源于150多年前的福建省泉州府安溪县。当时，安溪的茶商在销售茶品时，以两张毛边纸上下相衬，包入4两（旧秤每斤为16两的4两，等于新秤每斤10两的2.5两）茶叶后，包扎成四方包或碗状包，上盖茶品名及茶行号印章，俗称"包种茶"。后来，这一包装法和名称传入台湾，文山和冻顶所产之乌龙茶均以此种方法包装。不过，文山茶更多地采用四方包，冻顶乌龙更多地采用碗状包，以示两种茶品之区别。由于台湾北部所产乌龙茶以文山地区最多、品质最佳，且又以四方包包装，故而，此类清香型乌龙茶被统称为"文山包种茶"。

文山包种茶以传统乌龙茶制作工艺制作，以当地种植的乌龙茶茶树当年新生长并展开的青叶为原料，每年采摘6季，以春茶和冬茶品质最佳。文山包种干茶条索紧致略弯曲，色深绿或深青翠，花香清新扑鼻。以100摄氏度的沸水冲泡，且一冲一饮，茶汤色绿中带黄，有金光在汤面闪烁，如一位美少妇华丽登场；汤香为花香，清雅而宜人，因具体制作手法的不同，汤香或似幽兰微绽，或似秋桂盛开，令人陶醉其中。而无论是汤香还是与汤香一致的杯盖香或杯底香，都饱满且悠长，茶尽后齿颊留香，杯有余香，满室清香。汤味醇滑润爽，品质上乘者，茶鲜味明显，回甘迅速而饱满，醇甘、鲜爽、润滑的茶汤入口，有一种青春飞扬的恣意涌上心头。茶底青绿柔软，叶片展开后，品质上乘者可见叶片背面有如蛤蟆皮似的白色砂点，俗称"蛤蟆背"，整体匀齐洁净。

文山包种茶的色是华丽的，香是清雅的，味是飞扬的，茶底是柔美的。品文山包种茶就如在欣赏一位豪门望族中的千金小姐，富贵华丽，清雅美丽，活泼又带着点任性。

茶语

富贵华丽，清雅美丽。

# 武 夷 岩 茶

  武夷岩茶按茶叶发酵程度可归为中发酵茶——青茶（乌龙茶），属闽
北乌龙的代表茶品。武夷岩茶，特指用种植在福建省南平市武夷山市武夷
山核心区域的武夷岩茶茶树之青叶，以武夷岩茶特有制作工艺制作，具有"岩
骨花香"茶韵的茶品。干茶为紧致条索状，色褐黑或墨绿，花香或果香宜人。

  目前，大红袍茶品有品种大红袍、商品大红袍、商品名大红袍之分。其中，
品种大红袍是以大红袍茶茶树的青叶制作而成的单一品种的纯种大红袍。
商品大红袍分为两类：一是以非大红袍茶树的青叶制作的单一品种武夷岩
茶，包括目前两大大面积种植的茶树肉桂、水仙，以及各类小品种茶树，
如传统四大名丛铁罗汉、白鸡冠、水金龟、半天妖等的青叶制作的单品茶品；
一是以不同比例的不同品种茶树青叶拼配而成的茶品，又称拼配大红袍，
而这类拼配大红袍都有一个厂家或商家自取的茶品名。商品名大红袍则是
现在以"大红袍"商品名统一冠名的所有的武夷岩茶茶品。

  无论何种武夷岩茶，都需 100 摄氏度的沸水冲泡，且一冲一饮，而只

要是产自武夷山景区核心区域，以国家级非物质文化遗产项目之武夷岩茶（大红袍）传统制作技艺制作，其茶汤色大多为褐黄或棕黄；其香大多为植物香，包括花草香、果香、木质香等，且香气悠长；其味绵厚润顺、不同香气融于一体，有涩味，但回甘迅速而悠长，无杂味；每道茶汤都有不同的滋味和茶香，茶气充盈，具有血通、气通、经脉通之"三通"的功效。

武夷岩茶以香、清、甘、活为最高境界，更以岩骨构建自己的独立，以花香传送自己的善意，让岩骨花香成为一种生存表征，成为一种在人类社会中证明自己的存在价值的特征。武夷岩茶在手，心旷神怡，借《诗经·岂曰无衣》诗，凑得《岂曰无茶》句：

岂曰无茶，与子同盏。

春暖花开，茶趣盎然。

岂曰无茶，与子同碗。

夏日流火，有茶无暑。

岂曰无茶，与子同盅。

秋菊灿烂，茶邀四方。

岂曰无茶，与子同杯。

冬雪漫天，茶暖通泰。

茶语

岂曰无茶，茶福连连。

曦瓜·铁罗汉

铁罗汉属于青茶（乌龙茶），为闽北乌龙中的武夷岩茶，产于福建省南平市武夷山市，以当地所产铁罗汉茶树之青叶制成，为武夷岩茶中的小品种茶，被列为武夷岩茶四大名丛（白鸡冠、铁罗汉、水金龟、半天妖）之一。铁罗汉创制于清朝乾隆年间，距今已有约300年历史。传说铁罗汉茶树的母树为慧苑寺法名为积慧的僧人在寺附近山中岩缝中所发现，他采其青叶制作成首款茶品。积慧僧人长得皮肤黝黑，身材魁梧高大，力大如牛，人称"铁罗汉"。因这一新品种为他所发现，首款茶品由他所制，故而，这一茶树新品种被称为"铁罗汉"，以其青叶所制茶品亦被命名为"铁罗汉"。后，这一品种茶树在武夷山广为种植，所制茶品深受茶人喜爱，甚至"铁罗汉"这一名称一度被用来统称武夷岩茶。

在我所品饮过的武夷岩茶铁罗汉中，印象最深的是武夷山市香江茶业有限公司所产、商标名为"曦瓜"的茶品，该茶品以5月上旬采摘于鬼洞内的铁罗汉茶树新生并展开的青叶为原料，以武夷岩茶传统制作工艺制作。作为小品种茶，铁罗汉产量很少，而"曦瓜"商标的这一款铁罗汉茶品更因产量很少、品质甚佳而一泡难求，饮之令人难忘。

"鬼洞"是武夷山景区中的一个山坳名，属武夷岩

茶茶源地之一，因幽深且进口狭长，坳中日照时间短，阴冷且湿度大，因而被称为"鬼洞"。近十几年来，虽通称为"鬼洞"，但茶界内行人对"鬼洞"有了"内鬼洞"（山坳内）和"外鬼洞"（山坳外）之分。因内外自然地理环境、气候条件及日照间的大不相同，所产岩茶的内在物质及其含量、比例等也就有了较大不同，所产岩茶的茶味、茶韵也有诸多相异之处。据一些武夷山茶友说，铁罗汉中以内鬼洞铁罗汉为最佳，而目前内鬼洞茶地的铁罗汉基本为"曦瓜"所有，所以"曦瓜"的铁罗汉茶品可以说是最好的。

以内鬼洞茶地所产铁罗汉茶树之青叶为茶源，用武夷岩茶传统制作工艺制作的铁罗汉确为武夷岩茶中不可多得的佳品。而其制茶师刘安兴先生于 2017 年也被评为国家级非物质文化遗产项目之"武夷岩茶（大红袍）制作技艺"第二批市级传承人，因此，"曦瓜"的这款铁罗汉茶品也可以说是非物质文化遗产传承人所制作的非物质文化遗产传承茶了。

与一般的铁罗汉茶品（详见本书中《铁罗汉》一文）相比，这款"曦瓜"的铁罗汉给我的感觉是干茶色更乌润，汤色更稳重而光亮，汤香更强烈而纯净，汤味更醇厚而骨鲠感更强，嚼汤如有物，茶韵更悠长而厚重，的确有一种怒目金刚铁罗汉的威力和威武感。而前段时间品味这一家中珍藏了 3 年的曦瓜·铁罗汉时，又感到其汤中出现了柔润感，虽骨鲠感仍强，但那"骨"已由"硬骨"转化为"软骨"，而茶汤也更为圆润，茶感也更为温暖，有菩萨的慈悲笼罩全身心之感。

由此，若将"曦瓜"的内鬼洞茶源铁罗汉茶品的茶语定为怒目金刚的话，这一款 3 年陈茶的茶语当是"金刚菩萨心"。

茶
语　　金刚菩萨心。

岩

香

妃

岩香妃属于青茶（乌龙茶）中的闽北乌龙之武夷岩茶，产于福建省南平市武夷山市，以产于武夷山的岩香妃茶树之新叶茶青制成。岩香妃种植量少，产量少，茶品更少，属武夷岩茶中的小品种茶。因其产自火山岩风化后形成的砾石土壤中，茶品之色、香、味俱为佳品，据说作为贡茶上贡皇室后，深受乾隆皇帝的爱妃——香妃喜爱，故被命名为岩香妃。

也许因是小品种茶，至今我只品饮过瑞泉茶业所生产的岩香妃。然而，就这一款岩香妃，在众多的武夷岩茶茶品中，给我留下了深刻的印象。岩香妃是瑞泉茶业所产"手工大红袍"系列茶品中的一款，也是瑞泉茶业的主打产品之一，其用采摘于当年 5 月上旬种植在武夷山正岩的岩香妃茶树新生并展开的茶青为原料，以国家级非物质文化遗产项目——武夷岩茶（大红袍）制作技艺制作。瑞泉茶业的制茶师黄圣亮先生是这一国家级非遗项目的第一批市级传承人之一，而黄圣亮先生的爷爷是清末民初武夷山一位著名的岩茶烘焙师傅。因此，主要用手工制作的岩香妃可以说是国家级非遗项目茶品，也是黄家用祖传岩茶制作工艺制作的代表性茶品之一。

瑞泉茶业制作的岩香妃干茶为条索状，置入盏杯后醒茶时，发出"锵锵"的金属声，如古代兵器中的刀枪相击声；其色乌黑润亮，花香和着岩茶特有的醇香，清爽而浓郁。用100摄氏度的沸水冲泡，且一冲一饮，茶汤色棕黄，有一种柔美感；汤香是馥郁的栀子花香，夹着春草的清新；杯盖香和杯底香都是幽幽的兰香。香气稳定悠长，8道汤后仍是杯底、杯盖兰香幽幽，而汤色中新出现的薄荷香与栀子花香融合在一起，形成了新的香型。茶味醇厚滑爽，入口即化，充满齿颊之间；入口微涩，但迅速化作满口甘甜。茶汤的骨感颇强，入喉有骨鲠在喉的锁喉感。而在第10道汤后，茶味中出现了砾石气味，那种暴晒于烈日下的石头被一场突如其来的暴雨冲刷后产生的气味，这使得茶汤的骨鲠感更为厚重。茶气颇足，在强大的茶气的作用下，常饮岩茶者一般在四、五道汤后便气通；七、八道汤后便血通，浑身发热，额头渗出微汗；而有的资深岩茶人会在九、十道汤后，感到暖流在全身游走，出现经络通的现象。

岩香妃的汤色、汤香是柔的，岩香妃的汤味是刚烈的，加上充足的茶气，品饮岩香妃时就会产生一种奇妙的茶感，在这一奇妙的柔美温香的刚硬和着刚硬强猛的柔美的茶感中，一位独立于世的豪放、自信又带着些许任性的美丽少女出现在我们面前，而岩香妃也由此在众多的岩茶茶品中独树一帜，令人难忘。

茶语

倔强的美丽与芬芳。

永

春

佛

手

　　永春佛手属于乌龙茶（青茶）中的闽南乌龙，产
于福建省泉州市永春县，以佛手茶树之青叶制成，为
永春县特产，也是福建省名茶。

　　永春佛手源于宋代，有着特殊的民间古法制作工
艺。具体工序包括：采青摇青、深度发酵，继而木炭
烘焙、陶罐回露，往返数次后，再去芜存精，包装成品。
以其特有的木炭烘焙、陶罐回露工艺制作的永春佛手
虽属闽南乌龙，但具有与闽南乌龙常见的花香之茶香
完全不同的果香之茶香，从而拥有了别具一格的茶感
与茶韵。

　　在我所喝过的以传统工艺制作的永春佛手中，永
露佛手最具代表性。永露佛手的干茶为条索状，墨绿
色，有果香夹着幽幽花香在茶盏中飘荡。而其茶汤色
棕黄，宁静而柔美；茶汤的香为雪梨的清甜香，清新
而甜柔；茶汤味圆融、顺滑、醇厚，微涩，回甘迅速，
3盏入口，人便被清香柔甜所包围，一种温馨之感油
然而生；茶底墨绿，清爽，花果的余香袅袅悠长。

　　特殊的制作工艺也使得永春佛手具有了与众不同
的药理性：除了乌龙茶大多具有的清热解毒、消脂减

肥、养胃健脾、消食等功效外，永春佛手的隔夜茶还有益于降血糖、降尿酸、降血压，而永春佛手的陈茶也具有较高的养生保健功能。

就轻焙火的永春佛手茶汤而言，色泽为清丽的黄中带浅绿或黄中带浅橙；汤味滑爽润柔，微涩，回甘快，饮后满口余甘。最与众不同的是茶汤的香味，悠悠兰香中飘着那种名叫"佛手"的既可观赏又可入药的金黄色果实的香味，类似于两年陈新会陈皮的清新又略带醇味的橘皮香。这是一种在其他茶品中难以获得的茶香，令人回味无穷。茶底深绿，润泽。

永春佛手很耐泡，色、香、味十分稳定，十五六道水后仍汤色柔黄，汤香清丽优雅，汤味醇柔悠长，杯盖香、挂杯香、汤香中仍是兰香扑鼻、佛手香清新。由此可以说，在轻焙火的清香型闽南乌龙茶，乃至所有的茶品中，轻焙火永春佛手以自己特有的茶香独树一帜。

茶语

独树一帜。

# 漳平水仙

漳平水仙属于青茶（乌龙茶）中的闽南乌龙，产于福建省龙岩市漳平市，以水仙茶树之青叶制成，为漳平市特产，也是福建省名茶。

漳平在元代就产茶，至明清，所产茶品已销往福建省内外，盛名远扬，其中，尤以乌龙水仙茶广受茶人欢迎。漳平水仙以当年春天新生并展开的当地种植的水仙茶树之青叶或青叶连着嫩茎为原料，以闽南乌龙加闽北乌龙制作工艺制作，在乌龙茶中别具一格。其茶品有散茶和紧压茶（饼茶）两种，其中的饼茶为闽南乌龙茶中唯一的紧压茶，茶味更佳。

与别的闽南乌龙茶相比，漳平水仙的茶韵别具一格。首先，漳平水仙的茶汤为赤黄色，而非其他闽南乌龙茶常见的明黄、鲜黄或亮黄色。这如美国加州橙子般的赤黄没有明黄或亮黄的皇家贵气，而是如绚丽春日中普照大地的明媚阳光，明艳动人。其次，与大多数闽南乌龙茶茶品具有袭人的兰花香不同，漳平水仙的茶香以优雅的水仙花香为主香，以幽兰香为尾香，娴静淑雅，安宁温文，如花朵悄悄地展开花瓣，默默地吐露芬芳，不必争春，自身已是春景。其三，漳平水仙的汤味前3道是甜中带着微涩后的回甘，3道汤后，涩味消退，茶汤入口即都是植物的甜味了。而因属水仙茶品类，漳平水仙的茶汤还独具其他闽南乌龙茶少有的茶的植物鲜味，于是，那茶汤的甜是一种甜鲜，或者说是一种鲜甜，让人心旷神怡，回味无穷。

漳平水仙中的饼茶的条索更是与众不同。闽南乌龙茶的条索展开后一般都是叶片，而漳平水仙饼茶的条索则是叶片连着茎。而其加工工艺，不仅结合了闽南乌龙茶制作工艺和闽北乌龙茶制作工艺的特点，更是使用特制的木模，将其槌压成有棱有角的方茶饼，用宣纸包装后，再进行真空包装。因而，漳平水仙饼茶是闽南乌龙茶中唯一的紧压茶。将两三条茶底展开，放在展平的作为包装纸的白色宣纸上，用手略加压平造型，就如一幅图画，中国画的意境呼之欲出。

漳平水仙与闽北乌龙中的水仙（岩茶水仙）同属水仙类茶树茶品，所以，漳平水仙的叶底与其他水仙类茶品一样，色暗绿带黄，边微红，叶片较大且薄而如丝绸般柔软，不似多数闽南乌龙茶中的铁观音青茶般叶片背后有明显的砂点和"蛤蟆背"，且叶片较粗糙。

品漳平水仙，会不知不觉地想到民国才女，如最著名的史良、盛爱颐、吴健雄、陈衡哲、苏雪林、陆小曼、谢婉莹、林徽因、张爱玲……她们秀外慧中，才情横溢，高扬着独立、自我的旗帜，或多或少地带着一些水仙花般的美丽、优雅、孤傲与自爱自怜，在中国历史上留下了空前的美丽才名。

她们自小接受良好的中国传统文化的教育、培养和熏陶；长大后，大多进入西式学堂学习，接受当时的西式教育，是在中西文化的共同养育下成长起来的大家才女。虽然时世艰难，虽然命途多舛，但她们仍在男权社会，在多灾多难的时代，建立起自己的"空间"，书写了大写的"我"以及"我"的人生。

由日春股份公司出品，与漳平水仙同属闽南乌龙的清香型铁观音茶品日春铁观音，也有一种"民国才女"的意境。日春铁观音更有一种少女时代的"民国才女"的茶意，充满少年的意气风发，带着美丽才情总被人夸奖追捧的自得和骄傲，怀着对未来的不安，有着对美好生活的热切向往和对旧式妇女生活的激烈抗争。所以，较之漳平水仙，日春铁观音更为张扬，较为热烈。相比之下，漳平水仙更有一种中青年时期"民国才女"的茶意：豆蔻年华青涩的美丽转为人到中青年优雅的美丽；在人生的磨砺中，理想仍在，豪气未泯，而才情逐渐转化为才智，如同果树那样，以结满果实的形态，在世人面前谦逊但不自卑地优雅颔首；人格和经济的独立使得她们较之当时诸多的普通妇女有了更多的自我价值认同感、实现感和生活安全感，而这又使得她们更多地关注国家、关注民族、关注社会、关注劳苦大众，使得她们的人生从"小我"上升到"大我"。所以，相较于日春铁观音，漳平水仙的茶意是沉稳安宁的，更为优雅娴静，更为醇厚饱满，有一种关心他人、关照众生的柔善之美。

古今多少事，一声长叹中。如论茶语，我想，漳平水仙的茶语当是"民国才女"。且饮一盏漳平水仙，在对民国才女的追忆中，让怀想飘向远方……

茶语 | 民国才女。

珍

珠

红

珍珠红属于青茶（乌龙茶）中的闽北乌龙，产于福建省南平市武夷山市，以青茶（乌龙茶）品种茶树青叶制成。

闽北乌龙以武夷岩茶为代表，又以武夷岩茶最为著名，而珍珠红就是武夷岩茶中的小品种茶。所谓小品种茶，指的是种植量小、产量小的品种茶，故而小品种茶的茶品量也较少乃至很少。珍珠红亦是如此。迄今为止，我只喝过瑞泉茶业制作的珍珠红，而这一所得也来自偶遇。2017 年，我陪同茶友参观瑞泉茶业的武夷岩茶传统制作工坊，在随人群最后一个走出炭焙房时，突然在融融的茶香中闻到一阵很熟悉但一下子又叫不出名字的花香。那花香从鼻腔直扑大脑，把我拉回炭火上的茶焙笼旁，见到一竹簟叶小而乌黑泛红的茶条索。因不识此茶，我便不顾礼貌地急忙询问正在忙着照看焙茶的黄贤义老人，他是瑞泉茶业三兄弟的父亲，也是瑞泉茶业茶品质量的总指导。"这是什么茶？"老人忙里抽空答："珍珠红。"又问："珍珠红的特点是什么？"答："茶汤红色，而茶汤入口有口服珍珠粉在口中的滞感，嚼汤如有物。"我心中好奇这与其他武夷岩茶不同的茶色和茶味，便向瑞泉茶业的掌门人黄圣辉先生预订了这珍珠红，并于 2018 年得之，存放一年去掉炭火气后，于 2019 年开喝。

这款珍珠红的干茶色褐黑泛红，有油光闪耀，如同皇家年代久远的上好的紫檀家居用品之色，透着华贵尊荣；茶香如深山古庙中燃烧着的檀香之香，深沉而悠长，引人进入宁静之境。

取干茶 6 克（2 人量），以 100 摄氏度的沸水冲泡，出汤，这茶汤的色为酒红色，清澈而美丽，如盛装的清雅丽人，浓而不艳；沸水入盖杯，便有浓郁的广玉兰的花香在房中飘散，让人一下子就如同回到少年时光，仲春时节，站在大而洁白的花朵盛开的广玉兰树下，仰望着蔚蓝色的天空，心随着鸟儿飞翔。3道水过后，这汤香的尾香中出现了让人静心的檀香，且这以广玉兰为主香、以檀香为尾香的茶香一直延续到最后。于是，心便随着这茶香在宁静中漫天飞翔，在飞翔中获得宁静。汤味醇厚顺滑——与其他武夷岩茶的入口化为满口茶香与茶味而茶汤似乎不复存在的口感不同，这款茶的茶汤入口是化为满口如有可嚼之粉状物，而茶汤的厚度和醇醇的回甘更使得这"可嚼之物"似乎真的存在。"茶汤可嚼"这一茶之口感确实是这款珍珠红在茶汤色红之外的又一大特色，也是在其他各类茶品中难以品味到的茶感。

这款茶的杯盖香是广玉兰香中透着清新的薄荷香，杯底香是深沉而安宁的檀香。而无论色、香、味均绵厚而悠长，12道水后，茶汤的色、香、味才有所消退；15道水后，茶汤的茶味已淡，但色仍红，香仍存。

这款珍珠红茶汤色如荣华富贵无限的滚滚红尘，味如可细细品味的漫漫人生，香如力图在世俗喧嚣中对心灵归宿的久久追寻。人生在世，身归何处？心又该归何处？且喝一盏茶，静心思考。

（在本文收录到本书出版过程中，惊闻黄贤义老人仙逝。谨以此文表示衷心的哀悼：老一辈武夷岩茶制茶人的敬业精神永存！）

茶语 人生在世，若难以放下，就奋力担起；若难以担起，就坦然放下。

调

配

八

宝

茶

八宝茶产于中国西北地区，以茶叶为主料配以辅料制成，为位于中国西北部的甘肃省、宁夏回族自治区的特产。因其除茶叶外，共有8种配料，以吉祥名命名为"八宝茶"。又因在西北地区，人们常用盖碗（带盖子的茶碗）喝此茶，盖碗由盖、碗、托底3部分组成，被称为"三炮台"，故而该茶品又被称为"三炮台茶"。

传统的八宝茶以绿茶干茶为主料，配以红枣、核桃仁、桂圆肉（也可使用整颗带壳桂圆）、枸杞、芝麻、菊花、葡萄干、冰糖等8种。现在，黑茶、普洱茶也成为供选择的主料，玫瑰花、苹果干、西洋参等也进入了辅料行列。

用100摄氏度的沸水冲泡，且一冲一饮，八宝茶中的茶香融化在配料香中，茶味融化在配料味中，茶成为一种背景。而因配料在水中的融化时间和融化程度不一，与茶相配的香与味各具特色，所以，在以茶为背景的八宝茶中，香与味随着冲泡次数的变化，也是丰富多彩的。

八宝茶香甜可口，茶叶的清新中带着核桃的肥腴之味、芝麻的油香、葡萄干的果香，有一种旧时文人出身的权贵特有的富贵之气，故而，旧时八宝茶是上流社会招待贵客时所用之茶，给人一种"荣华富贵，尽在一茶中"之感。

茶语

荣华富贵。

# 白族三道茶

从文化研究的角度看，白族三道茶属于民俗茶，即以当地文化为基础，植根于某种民间习俗的茶饮及相关的饮茶仪式。白族三道茶产于云南大理，为白族特有的茶品，也是云南省名茶。而与其他茶品既是配置茶品又是单款茶品（如八宝茶）这一点不同，白族三道茶是由按顺序而上的以一道单品茶饮品、两道拼配的非茶品之饮品构成的系列茶品——它是以包括茶品在内的以 3 道不同的饮品组成的一款茶品。

三道茶是白族人家待客交友之茶。第一道茶为"苦茶"。如在白族人家中品饮三道茶，按传统习俗，这道苦茶为当场炙烤而成：将大理产的绿茶置入陶壶中，在火上不断旋转烤炙，直至茶叶黄而不焦，有香气飘出，然后冲沸水入壶，"哧啦"一声后，倒出茶汤品饮。因这一烤茶炸响声震耳如雷，所以，当地人又称这苦茶为"轰天雷"。这款苦茶色黑黄，茶焦香强烈，茶味颇苦。如不是现场烤炙的，其色、香、味均较淡，但仍不失

为"苦茶"。

第二道茶称"甜茶"。以用牛奶皮制作的乳扇、本地特产漾濞核桃仁、红糖水为主料，冲入用略加炙烤的茶叶冲泡的茶水后，加以品饮。因这道茶奶香扑鼻，核桃仁柔甜，红糖水鲜甜，故称"甜茶"。

第三道茶称"回味茶"。以略加炙烤过的茶叶冲泡的茶水，注入盛有蜂蜜、桂皮、花椒、炒米花的茶碗中，茶汤是香柔甜蜜中带有强烈的麻辣味，令人精神一爽，心气通畅，思绪开放，故称"回味茶"。

白族三道茶中的第一道茶苦涩粗粝，第二道茶香甜柔和，第三道茶让人回味无穷，寓一种生活哲理于其中，也可谓是一道令人思人生哲理之茶。

茶语

吃得苦中苦，方有甜中甜；常看来时路，不做糊涂事。

防风茶

　　防风茶属调配茶中的配制茶，在人类学范围中，也是一种民俗茶，以绿茶为主料，辅之以咸味烘青豆、橘皮丝、山芝麻等制成，产于浙江省湖州市德清县，为德清县特产，也是浙江省著名的风俗茶。

　　防风茶茶汤色青绿微黄；汤味微咸，有橘皮味和芝麻味混合在一起；汤香是茶香、橘香、芝麻香的混合，可谓千香百味，茶香和茶味宜人。饮茶后可将茶料一并食之，故而该茶有清热醒脑、御寒防饥、去湿消渴之功效。

　　防风茶是浙江省德清县的地方风俗茶。德清县旧时为防风氏部落所在，海侵时期曾

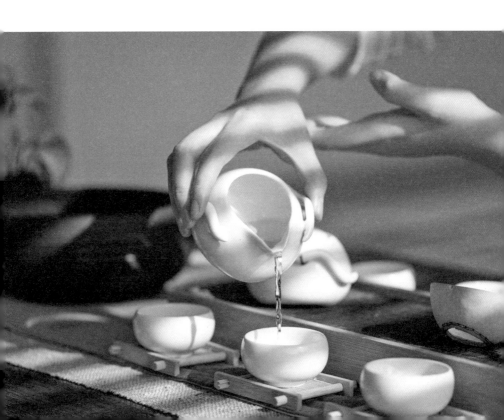

洪水泛滥，内涝严重。防风氏首领长子防风[因其身材很高，越语称身材高者为"长（cháng）子"，"长子防风"即"高个子防风"]率领部落众人抗洪排涝，并研制成一种由茶叶、烘青豆、橘皮、山芝麻混合而成的茶，给众人解渴防饥、御寒、防病治病。当时，大禹治水成功后，在会稽（今浙江省绍兴市）召集各部落首领，恰逢德清又遇洪水，防风因率众抗洪而迟到，被大禹怒而杀之。防风部落的民众感念防风一生的功绩，也许还怀有为防风鸣冤叫屈之意，将防风发明的那款抗洪排涝时所喝之茶命名为"防风茶"。而这款防风茶茶名及其制作方法、相关传说和相关风俗，也成为一种"另类的历史"，延续几千年，流传至今。

茶语

以人民为重者，人民恒记之，恒敬之。

# 福州茉莉花茶

　　福州茉莉花茶属绿茶再制茶，产于福建省福州市，以绿茶毛茶（初制茶）经产自福州的茉莉花窨制而成。因以特定地区——福建省福州市的茉莉再窨制，故称"福州茉莉花茶"，为福州市特产，也是福建省名茶和中国传统名茶。

　　茉莉花茶无疑是"化腐朽为神奇"的经典案例。而由于这茉莉花茶原本为福州商人利用福州的茉莉花以自己研发的工艺所制，所以，茉莉花茶以福州茉莉花茶为鼻祖，福州茉莉花茶的茶感、茶意及茶韵也在所有的茉莉花茶中独具特色，独占鳌头。

　　在"化腐朽为神奇"之后，福州茉莉花曾有过辉煌的昨天。从清朝到民国，它是北方的豪门望族，尤其是原来的皇亲国戚、前清遗老或自饮或接待贵客的好茶，被赐美名"香片"。在计划经济时代，它在奔驰于大江南北的火车上作为列车员向乘客提供的免费茶中，在企业夏天免费向职工提供的"劳保茶"中，一枝独秀，占据垄断地位。由此，以茉莉花茶为主打产品的福州春伦茶业就成为福建省的骨干企业之一，其产值在全国茶业行业中名列前茅，是一个不折不扣的明星企业。

　　然而，正是由于茉莉花茶是化陈茶为香茶，即使经过最高档制作工艺的九窨九制，茉莉花香完全消退或遮蔽了陈茶味，就茶坯品质而言，当时的茉莉花茶也仍是陈茶，缺乏绿茶新茶特有的茶鲜味和茶香味，于是，懂茶的南方人在嘲笑北方人不知品茶时，常以北方人爱喝茉莉花茶为例，说他们是"只知闻花香，不知茶滋味"。而无论是列车上的免费茶还是工厂里的"劳保茶"，均属于用于解渴的低档茶，且为计划经济体制下的乘客福利或职工福利。福州茉莉花茶原先的出身和定位使其在20世纪90年代计划经济向市场经济全面转型中进入了困境。在那之后，随着人们生活水平的提高，消费观念和消费行为的变化，福州茉莉花茶进一步陷入危机之中。在最困难的时候，福州的花农纷纷砍掉多年精心栽培的茉莉花树，改种其他经济作物；许多生产福州茉莉花茶的工厂或倒闭或转产，连作为茉莉花茶生产龙头企业的春伦茶业，其大部分车间也停工停产，掌门人感到前途渺茫，日夜寝食不安。

2008年前后，在福州市委、市政府的大力扶持下，在有关部门的大力帮助和直接指导下，福州茉莉花茶根据市场需求和消费动向，开始进行新的定位，在传统工艺的基础上研发新产品，提高产品的品质，福州茉莉花茶步入了重振辉煌的"今天"。在春伦茶业的工厂里，我亲眼见到、亲耳听到福州市委、市政府的领导和有关专家与春伦茶业的掌门人一起，边喝着新研发茉莉花茶，边讨论如何提高茉莉花茶的品质，使茉莉花茶转型成为高档茶乃至珍品茶；如何以质取胜，打开销路；如何提高福州茉莉花茶的知名度和美誉度。经过多年努力，如今的福州茉莉花茶不但声名重起，重登大雅之堂，名列高档茶之列，而且新款茶品特有的雅香、冰糖甜味和文人意境，也吸引了诸多南方爱茶人，成为不少南方茶客口中的好茶。

与别的产地的茉莉花茶相比，今天具有原产地标志的福州茉莉花茶用当年新生的春茶嫩芽叶制作，以福州本地产的茉莉花窨制，窨制工艺一般为五窨五制。其中，又以用明前茶为茶坯、以福州本地茉莉花窨制者为上品，以其中的以古法九窨九制者为珍品。与昨日相比，今日的福州茉莉花茶叶片为新茶的一叶一芽（旗枪）或两叶一芽（凤翅）之青叶，干茶色因窨制而呈青绿带浅黄；茉莉花香清雅而飘逸。以100摄氏度沸水冷却至95摄氏度左右冲泡，且一冲一饮，茶汤色如春波荡漾，带着春江水暖、莺飞草长的诗意；汤香是宜人的茉莉花香，雅丽而不艳俗，呈现出一派文人的温文尔雅；茶味鲜甜，那种鲜是植物清淡的鲜，那种甜是冰糖纯而微凉的清甜，回味悠长；茶底翠绿柔软，匀齐亮丽。今天的福州茉莉花茶可谓是一款文人茶或书房茶，从市井的粗陋与嘈杂中重新回到豪门望族的精致与优雅中。而喝了今日的福州茉莉花茶中的珍品，也会进一步理解什么叫作"简单的奢华"，什么叫作"低调的高贵"。

福州茉莉花茶在今天重现辉煌，与福州市委、市政府及有关部门的扶持、指导和帮助密不可分。通过市委、市政府及有关部门在申报地理标志产品、产业联盟、品牌运作、产品优化等诸多方面与企业的共同努力，福州茉莉花茶才一步步摆脱危机、走出困境，在茶领域风光再现，而福州也被公认为世界茉莉花茶之乡，福州茉莉花茶成为茉莉花茶中的珍品及茶中之佳品。

期待在政府的继续支持下，福州茉莉花茶从重现辉煌的"今天"继续前行，开创更灿烂的"明天"。

需重申的是，福州茉莉花茶宜用工夫茶泡茶法，一冲一饮，如此才能得其正味和真味，才能品得其美色、妙香与佳味。

茶语

简单的奢华，低调的高贵。

# 桂　花　茶

　　此间的桂花茶，指的是以茶叶为主料，以桂花或桂花制品为辅料制成的茶。在茶学领域，此类茶统称为再加工茶。因为是加其他辅料调和或配制而成，我更愿意称此类茶为调配茶。在民间，因此类茶是加花进行调配而成的茶品，故称其为花茶，并以所加花的不同而进一步分别命名之，如桂花茶、茉莉花茶、梅花茶等。在本书中，以调配工艺或手法制成的茶品统称为调配茶，并根据已有的命名分别称呼之。

　　桂花茶是以桂花配制加工而成的茶品，其茶坯一般为绿茶。就我喝过的桂花茶而言，可分两种。一是以桂林桂花茶为代表的窨制型桂花茶。以桂林桂花茶为例，其以桂林毛尖为茶坯，加以桂花窨制成桂花茶。一是以

杭州桂花茶为代表的调配型桂花茶。以杭州桂花茶为例，其以杭州西湖龙井为主料，加上晒干的桂花混合成茶品。

桂林以桂花树成林而闻名，杭州则是以桂花为市花，三秋桂子花香满城，古今皆是一景。故而，两市的桂花茶也皆为花茶中的名茶，均有较高的美誉度。品饮之，两者相比，桂林桂花茶更为浓郁，如南国明艳的美丽少妇，婀娜多姿，丽香袭人；杭州桂花茶如秀丽的江南清雅少女，雅致婉约，雅香可人。这也可以说是包括了天、地、人在内的地方特色的展示，或者说是包括了天、地、人在内的一方水土养育而成的一方茶品之特色吧！

茶语

有缘相伴。

# 荷 香 茶

　　荷香茶大多以产于浙江、江苏的清淡型绿茶，如西湖龙井、天目湖白茶等为茶坯，用生长中的荷花或新鲜荷叶或干荷叶窨制而成。至今大多仍为自制，因其具有荷花或荷叶之香，故名荷香茶。

　　荷香茶的制作有复杂的，也有简单的。依愚之浅见，最复杂的当数用生长中的荷花窨制：将3克左右的干茶用细纱布或宣纸包紧，放入人工打开的荷花花苞中，每个荷包只放一个茶包，再将荷包复原，待荷花盛开后取出茶包。这一用荷花窨制的荷香茶须存放于阴凉干燥处，在2天之内品饮。否则，荷花香会减弱变陈。

用新鲜荷叶窨制荷香茶则较为简单：取一张新鲜荷叶，置入用细纱布或宣纸包紧的3克左右的干茶，将荷叶扎紧后放在室内通风、避光、凉爽、干燥处，3天后即可品饮。用新鲜荷叶窨制荷香茶时间不能短于3天，否则香味不足；也不能超过5天，否则会失去新鲜荷叶的清新香气。而窨制成的茶品的存放也如用荷花窨制的荷香茶，否则，新鲜荷叶之香也会变淡转陈。

最简单的当数用干荷叶窨制荷香茶：将50—100克干荷叶（一般已成碎片状）放入陶罐或瓷罐中，再埋入用细纱布或宣纸包紧的每包3克左右的干茶，每罐不超过6包，盖上盖子后密封，置于室内干燥、阴凉、通风、避光处，1个月后即可品饮。用干荷叶窨制的荷香茶可置于窨制罐中，保持阴凉、通风、干燥、避光地存放，即取即品。但存放时间不能超过6个月，否则香味也会淡化和陈化。

上述荷香茶的荷花窨制法见于书籍记载，新鲜荷叶窨制法和干荷叶窨制法则是来自我的实践经验。在此与诸君共享，更期待抛砖引玉。

与作为茶坯的绿茶相比，荷香茶最大的特点在于其具有的荷香。用荷花窨制的荷香茶我只见于书籍记载，未得品尝过。以杭州西湖夏秋盛开的荷花之香想象，其茶香也当是浓郁而绵柔，艳丽而润糯，恰如红尘万丈，软玉温香。我自制过以西湖龙井干茶为茶坯，用新鲜荷叶和干荷叶分别窨制的荷香茶。相比较而言，用新鲜荷叶窨制的荷香茶，荷香清新清爽，清丽之韵让人在炎炎夏日有身处清凉之地的茶感。而用干荷叶窨制的荷香茶之茶香是荷叶的清香中透着荷花的温香，温婉中带着雅丽，引人进入江南水乡月映碧波中的|里荷塘的茶境之中。

荷香茶大多由手工制作，因原料的不同、制作手法的不同，其香乃至味、色也是各有不同。由此，其茶意和茶境也是各有其美、各有其趣。

茶语

快乐何来？来自寻找与创造。

# 横县茉莉花茶

横县茉莉花茶属于再加工茶中的花茶，产于广西壮族自治区南宁市横州市（原横县），以绿茶茶树青叶制成茶坯后，再以茉莉花加以窨制而成。一般的横县茉莉花茶的茶坯以茶叶的芽、叶、嫩茎制成茶坯，特等横县茉莉花茶以茶叶的芽、叶制成茶坯，茶坯经横县所产的茉莉花窨制后，成为横县茉莉花茶。

横县茉莉花茶干茶条索紧细，花香浓艳，茶色翠绿。以100摄氏度沸水冷却至90—95摄氏度冲泡，茶汤色清澈亮绿；汤香浓郁艳丽；汤味醇厚，微涩，有回甘。

横县茉莉花茶香味持久，茶味持久，七八道水后，仍花香袭人，茶味滑醇。茶尽，茉莉花的香气仍然飘荡。

在我所喝过的茉莉花茶中，横县茉莉花茶与众不同。其最大的不同之处是茶香艳丽，茶味醇厚。喝横县茉莉花茶，有一种盛夏午后，在夏威夷海滩观看土风草裙舞之感，热烈而欢畅，热闹而奔放。

茶语

热烈的欢笑，热闹的快乐。

# 花　　　　　　　　　　　　茶

　　在江南习俗中，"花茶"这一
名称包括了用花对茶叶进行再加
工或配制的茶，以及用以冲
泡为饮用品(花饮)的花(包
括干花和鲜花)。而此
间的花茶，指的是用花
对茶叶进行再加工或配
制的茶品，即民间所
称的"茶叶花茶"。

　　从市场所售茶品
看，目前，以加工工艺
分，此类花茶可分为两
类：一类是以鲜花的花苞
或花朵，用窨制或闷熏的方
法制作；一类以干花掺杂其中
的方法制作。其中，前者的制作方
法较为复杂，需先制作茶坯，然后以一
层茶坯一层花的方法加热加湿进行窨制或闷熏
一段时间后，冷却、散热，然后再进行窨制或闷熏，反
复多次，最后才形成茶品。以福州茉莉花茶为例，传统
的顶级的制作工艺为"九窨九制"，时间长达月余。相

比之下，以掺花工艺制作花茶，就比较简单，只需制作基茶后，在基茶中直接掺进适量干花，摇匀后即成花茶，其代表性茶品就是掺了玫瑰花瓣的玫瑰花茶。

以花茶的茶坯或基茶分，目前市场上常见的有绿茶花茶和红茶花茶两大类。同一类茶，既可制成绿茶花茶，也可以制成红茶花茶，依据的只是茶坯或基茶所属的茶类。如，茉莉花茶有茉莉绿茶和茉莉红茶两大类，玫瑰花茶也有玫瑰绿茶和玫瑰红茶两大类。

一般而言，就花茶的茶汤而言，花型相同，所不同的是茶坯或基茶的茶类。如为绿茶茶坯或基茶，所配花为浅色花，茶汤的色泽基本上为茶坯或基茶之色；所配之花为深色花，则花之色会与茶坯或基茶之茶色相混相融后，呈现出此款花茶特有的茶汤色。如，玫瑰绿茶红色中闪动的绿色的茶汤色。若茶坯或基茶为红茶，则茶汤色基本如茶色，无论所配之花的花色或浅或深。就茶汤香和茶汤味而言，则是花香中有茶香，茶香中有花香，茶味中有茶味，花味中有茶味，形成一种全新的茶韵和茶意。

而与掺花花茶相比，窨制花茶和闷熏花茶的花、茶融合度更高，佳品更是花香入茶、茶香入花，花味入茶、茶味入花，花与茶交融在一起，无相斥感，无分离感，花不再只是花，茶不再只是茶，而是合成一体，成为"花茶"。

相比较而言，花茶更适宜冲泡，而用工夫茶泡茶法一冲一饮，更能得其妙香佳味。

茶语 花本只是花，茶本只是茶，只为因缘在，相融成花茶。

荔
枝
红
茶

荔枝红茶为再制茶，产于广东省清远市英德市，以英德红茶为基础、以荔枝汁为辅料制成，为英德市特产，也是广东省地方特色茶。

英德有悠久的产茶史，早在2000多年前的唐代，就有贡茶。在20世纪50年代，以从云南引进的大叶种茶树之青叶为原料，又试制成功了英德红茶，名扬海内外。在此基础上，以英德红茶中的条索茶（工夫红茶）为基茶，科研人员与茶农一起，又试制成功了荔枝红茶。

荔枝红茶选取英德红茶中的条索茶为基茶，加注从荔枝中提取的荔枝汁，用特殊工艺使基茶充分吸收荔枝汁，形成了具有新鲜荔枝的香味与甜味的荔枝红茶。荔枝红茶的干茶条索紧致，色泽乌黑油润，荔枝香浓郁。用100摄氏度沸水冷却至90摄氏度左右冲泡，且一冲一饮，汤色红艳亮丽；荔香

芬芳扑鼻；汤味爽润，荔枝特有的果甜浓而清新；茶底深红。

品荔枝红茶，如在开满夏花的亚热带田野中行走，被香甜润滑的空气所包围，只觉花团锦簇，瓜香果甜，芬芳满人间。

茶语　锦上添花。

# 纳 橘 茶

纳橘茶为再加工茶，也是民俗茶，以柑橘和八仙茶为主料，辅之以少量具有保健性和治疗性的植物制成，产于福建省漳州市诏安县，为诏安县特产。

关于纳橘茶的名称，诏安当地人解释说，"纳"为接纳、收纳之意，该茶以橘为主料之一，"橘"在当地话中与"吉"同音，取接收吉利之意，故将该茶起名为"纳橘茶"。因其所用柑橘通称为"橘子"，故而又称"橘子茶"。

纳橘茶的制作较为复杂。首先，要用特制工具将产于漳州的蜜柑取出柑瓤，制成柑浆，再加入产于诏安的八仙茶干茶和少量根据传统配方配伍的、具有保健和治疗功效的植物，轻搅均匀后，再装入柑壳中，盖上柑皮封盖，捆扎后再置于炉火上烘焙几天，完全干燥后，才成茶晶。这一加工方法使得茶叶在与柑瓤以及配伍的植物的充分融合中产生了新的营养成分，而柑皮在炮制和存放中成为陈皮后，也成为纳橘茶的组成部分，与纳橘茶叶一起泡饮，使得纳橘茶具有了与众不同的茶香和茶味，以及特有的保健和治疗功效。

以漳州芦柑为代表的漳州产的纳橘茶甜中微酸，多汁少渣，清甜爽口；诏安特产八仙茶属闽南乌龙茶，花香浓郁而多样，汤味醇厚滑润，回甘快而味醇（详见本书《八仙茶》一文）。两者的结合相辅相成，形成了独有风味和功效的纳橘茶。

以柑橘和八仙茶为原料制成的纳橘茶成品，其干茶外形是橘子，并因外包柑壳的大小形状不一而各有其异；褐黑色，坚硬，因其色如铁、硬如铁，也有人称其为"铁橘"；陈皮香浓郁，有微微醇茶香从封盖的缝隙中透出。

以布袋包裹住纳橘茶，用榔头敲成茶瓣，将茶片从中剥出，茶片中可见褐黑色的八仙茶干茶条索紧致，而八仙茶的醇香加上柑橘浆的清甜香、陈皮香和配伍植物的植物清香，融合成纳橘茶干茶特有的茶香，将人一下子拉入纳橘茶的浓而不艳、清而不淡的清丽香气之中，欢快舒心的笑容在嘴角漾出，开成一朵灿烂的花儿。

纳橘茶是在乌龙柚子茶（详见本书《乌龙柚子茶》一文）基础上发展起来的。而目前，用于制作纳橘茶的柑橘包括产于漳州的漳州芦柑、漳州蔗柑和漳州蕉柑等。而就作为辅料的保健植物而言，也有不同的传统配方。此外，具体加工手法不同、存放年份不同、陈化程度不同、八仙茶制作手法的不同等等，也会使纳橘茶具有不同的色、香、味和相关功效。因此，总称为诏安县特产的纳橘茶，各家（农家和厂家）各年份的茶品往往各有不同之处，形成各自的特色。

就我所饮的诏安县鹤灵峰茶业有限公司所生产的 3 年陈纳橘茶而言，其所采用的是果糖含量较高的蕉柑，以传统配方之桑叶、菊花、杏仁等为八仙茶之配伍，茶香和茶味与众不同，引人入胜。

取 5—8 克纳橘茶干茶（包括茶叶和柑皮）入杯，用沸水浸泡大约 5 分钟后出汤，汤色是褐黄色，如一位饱经沧桑的老人，斜倚窗前，在温暖的夕阳余晖中看秋叶飘飘，看大雁南飞，闲适地洞察人生。茶汤香中，前 3 道汤陈皮香扑鼻，入口用舌尖击打茶汤后，茶的醇香透出，且带有丝丝缕缕的花香，包括桑菊的清香。之后，茶的醇香和陈皮香一起成为主香，花香（包括桑菊清香）在主香中忽隐忽现，如游丝飘荡。陈皮醇茶香气很足，入口即满口香气萦绕且直冲鼻腔，上达脑部。直到茶尽，杯中仍留有余香；直到饮后数小时，仍齿颊留香。茶汤味醇滑顺润，甜味清新，略带清爽的柑橘的酸味，还有一种甜中微酸的鲜爽味和鲜爽的甜酸味，整泡茶给人一种人虽老但童心未泯的茶感。

这款纳橘茶茶气很足，3道汤入腹，暖意融融；7道汤入腹，通身舒泰；茶味悠长，十分耐泡，浸泡15道水后，还可再煮泡三四道水（每道水不超过150毫升，水沸后即出汤），煮泡所得之茶饮的茶叶香和茶叶味较淡，但汤中的陈皮味仍十分明显，柑甜味和鲜爽味成为主味，就像是一款颇佳的陈皮饮料。

除乌龙茶大多都具有的保健、养生、治疗功效外，纳橘茶还具有止咳化痰、理气润肺、健脾开胃、祛湿除燥、养心安神等功效。

纳橘茶可冲泡、煮泡，也可浸泡和闷泡。以我的经验，冲泡所得茶汤太淡，直接煮泡所得茶汤先是太浓后又太淡，而浸泡和闷泡所得茶汤浓淡适宜，变化渐进有序，最能品到纳橘茶之真味和正味。而浸泡和闷泡后再加以煮泡，所得之茶汤陈皮香仍郁，陈皮味仍浓。

茶语

以老年人的闲适，飞扬青春少年之心情。

# 糯米香茶

　　糯米香茶为绿茶再加工茶，多产于云南省内傣族聚居区，为傣族风俗茶，以产于云南当地的绿茶（云南简称"滇"，故云南所产绿茶简称为滇绿）为主料制成，为云南省特产茶。

　　关于糯米香茶的制作，我听过两种说法。一说是用滇绿为主料，配以一种产于云南当地的名为"糯米香"的草本植物的叶子制成。傣族人喜爱此茶，常在居处周围种一些"糯米香"，喝茶时，摘几片叶子与茶一起冲泡。一说是用香糯米窨制滇绿而成。傣族人喜食糯米，傣族聚居地多产糯米，其中就有一种是香糯米。将香糯米炒熟后窨制滇绿，从而制成糯米香茶。究竟如何，尚需到产地一探。

糯米香茶的干茶多为散茶，也有紧压成块状的，条索紧致，绿中含翠，如翠玉般润泽，糯米香芬芳宜人，有绿茶的清香时隐时现。用 100 摄氏度沸水冷却至 90—95 摄氏度冲泡糯米香茶，茶汤色金黄，一闪一闪地跳跃着些许翠色。汤香馥郁，以糯米香为主香，以绿茶香为辅香。其中，加入糯米香草的糯米香茶，还会有缕缕草叶的清香溢出，让人如入傣家田园如诗的春景之中；以炒熟的香糯米窨制的糯米香茶，则有如刚开锅的糯米饭一般的香气四溢，闻之有一种在傣家竹楼上与傣家人一起共庆丰收、共享丰收宴的感觉。汤味醇厚，微涩，有回甘。糯米香茶十分耐泡，十几道水后，仍觉茶味醇甘，茶香袅袅。直至茶尽，茶底仍翠绿如初，余香飘飘。喝云南糯米香茶，会让人忘却世间的烦恼，只觉身处快乐之中。

茶语

一茶解忧愁，快乐在茶中。

酥油茶

酥油茶主产于西藏自治区，是以茶汤冲入从牛奶中提炼的酥油并搅拌成一体而成的一种茶饮品，是藏族地区日常生活中不可或缺的饮品，有增加身体热量、提高身体机能、消食醒脑的功效，为西藏自治区特产。

我在 2007 年首次去西藏近 20 天，无明显的缺氧现象，反而回杭州后近一个星期都处于醉氧状态。我想这与在西藏时每天一碗酥油茶使我迅速适应了高原缺氧环境不无关联。

我最早听到"酥油茶"一词，是在小学四年级。记得那时听到了一首名叫《心中的歌儿献给金珠玛》的歌，歌中唱道："不敬青稞酒呀，不打酥油茶呀，也不献哈达，唱上一支心中的歌儿，献给亲人金珠玛（金珠玛：藏语，意为拯救苦难的菩萨兵，此间指解放军）。"于是，青稞酒和酥油茶就带着一种神秘感存进了我的脑海中，直到 2007 年，时任《浙江学刊》副主编任宜敏先生带领我们去拉萨进行民俗考察，我才品尝到正宗的酥油茶，解开了儿时的谜团，而酥油茶的茶香和茶味从此也一直在我的记忆中飞扬。

记忆最深的是我在大昭寺边一个类似汉族快餐店的简餐店里喝的酥油茶。那天，忘了是什么原因，只有我和当时《浙江学刊》的年轻编辑王莉一起去参观了大昭寺。从大昭寺出来，已是中午，我俩决定要吃藏族同胞的普通餐食。于是，当我们在大昭寺边上看到一间只有20多平方米大小的平房，从窗户中可望见穿着普通的藏族同胞几乎满座，且门口不断进出吃饭的人时，我们就掀门帘而进了。这简餐店确实很简陋，餐桌是木制的长条桌，凳子是木制的长条凳，进门几步就是一个小小的木制收银台，收银员身后的墙壁上挂着一块小黑板，上面用粉笔写着两个简餐餐名、甜咸两种酥油茶茶名和价格，简餐是15元钱一份，酥油茶是7元钱一瓶。我一见"酥油茶"眼睛就亮了，开口就先点了酥油茶，原来还想甜咸两种都要，后听说这"一瓶"是热水瓶的"一瓶"，要两瓶的话肯定喝不完，只得选了觉得可能会更好喝的甜酥油茶。忘了另一款简餐是什么，只记得我们接着点的是土豆牛肉饭。端着快餐盘，拎着热水瓶，我们找了一个靠窗口的座位坐下，四周都是藏族同胞，迎接我们的是好奇和疑惑的目光。我们心中并无不适，想想如果两个藏族妇女身穿藏服，出现在我们日常就餐的小餐馆里，吃我们喜爱的食物，难免也会令我们感到好奇和疑惑吧！好奇和疑惑原本就是人类的共性。土豆牛肉饭很好吃，是小时候吃过的土豆和牛肉的味道，烧得也很入味，牛肉酥而土豆糯。三下五除二，我们很快乐地吃完了饭，开始喝酥油茶。当我拿起热水瓶时，忽然觉得一道担心的目光从左边邻桌射来。抬眼一看，原来是位藏族老人正担心地看着我们，而坐在他对面的两个七八岁的小朋友，好像是他的孙子，也满眼担心地望着我们。我一愣，不知这爷孙仨担心的是什么，想想应无什么大碍，便朝他们微微一笑，转头倒了两碗，与王莉两人一人一碗喝了起来。这甜酥油茶很可口，奶香纯正浓郁，茶味清香，一碗入腹，我俩不约而同地笑了起来，连连点头说："好喝，好喝！"刚要倒第二碗，忽然发现邻桌的爷孙仨也开心地笑了起来，笑得那样纯真，那样灿烂。原来他们是担心我们不喜欢这酥油茶呢！望着他们，我们又笑了起来。倒了第三碗后，我把热水瓶伸向了他们，请他们共饮。在略做推辞后，他们接受了，并在我们喝完第三碗后，将他们的热水瓶伸向了我们，我们也接受了。他们点的是咸酥油茶，咸酥油茶将牛奶的鲜味和茶的鲜味突显出来，形成一种独特的咸鲜味，也很可口。而相比之下，如果说甜酥油茶类似英式下午茶，给人一种闲适感的话，那么，咸酥油茶就类似正餐，饮后有一种饱腹感。就在这你来我往的倒酥油茶中，我们吃光了午餐。在互道"扎西德勒"（藏语：吉祥如意）后，爷孙仨先我们而去，而后接连几天，我都融化在那纯真灿烂的笑容中。不知是因为第一次喝酥油茶，还是因为这第一次喝酥油茶的经历十分美好，抑或是因为这简餐店的酥油茶有着独门妙法，总之，之后我在其他地方，其他餐馆，即使是标有星级的藏族特色大饭店中，再也没喝到过这么美味可口的酥油茶了。这家简餐店的酥油茶，与那爷孙仨以及他们纯真灿烂的笑容一起，只能在我心中永作追忆了。

我是在"文革"期间上的初中，在当时，学工、学农、学军是我们学习的重要组成部分，而到西湖区所属的灵隐大队、龙井村等产茶地采茶，就是学农的主要内容。我们在春天采过不能超过半寸的明前茶，据说那是礼品茶，炒制后专送来自柬埔寨的西哈努克亲王的；我们也在秋天采过将当年的新叶与隔年的老叶一并采下的秋茶，据说那是要做成茶砖，运到西藏给藏族同胞的。茶农告诉我们，砖茶是要煮的，所以，不能用嫩叶新芽，一定要老一点的茶叶才能煮出茶味。而砖茶煮成的茶汤冲入从牛奶中提炼的酥油，搅拌均匀后，就是酥油茶。于是，神秘的酥油茶在我的手中就有了真实感，我采下的茶叶就在我的想象中飘落到我想象中的藏族阿妈的煮茶壶里，煮成茶汤与我想象中的洁白的酥油（后来我才知道酥油实际上是淡黄色的）搅拌在一起，成为一碗香喷喷的酥油茶。在 2007 年，我在拉萨大昭寺旁的一家简餐店里喝上了人生第一碗真正的酥油茶时，我想起了少年时的这段经历，忽然间就有了一种对茶缘的感悟——我的生命注定要与酥油茶结下不解之缘，而这与酥油茶的不解之缘也必定对我的生活产生深刻的影响，使我迈上新的人生之旅。事实也确实如此。正是对西藏进行了民俗考察后，我树立起了"各尽其美，方成大美"的理念，心中少了许多纠结，脑中少了许多困惑，生活中增添了更多的快乐。

细想起来，就酥油茶本身而言，植物之物（茶）与动物之物（酥油）的结合，素食之物（茶）与荤食之物（酥油）的结合，东南方之物（杭州的茶）与西北方之物（西藏的酥油）的结合又何尝不是一种美缘的相遇和相融？我喝过一款薰衣草乌龙茶。单品薰衣草茶是我喜爱的一款花之饮品，乌龙茶也是我所喜欢的，但这两种美茶合在一起，不仅茶香味十分怪异，茶汤也极不顺口，这款茶以其特有的怪异和难喝留在我的记忆中。可见，两美有时并不能融合在一起成为一种新美，这就叫作"美美难与共，美美难相容"吧！而与诸多的两美难以共成一美不同，茶与酥油这两美却跨越了植物与动物的界线，打破了素食与荤食的疆域，穿过了东南与西北，千里迢迢相遇并相融为一体，美美与共，合成为一种新美。在冥冥之中，想来真的有"缘"。而美美与共的"美缘"当是历经艰辛，战胜各种阻碍，千万次回首寻觅，方才得见的吧！

　　与茶之美缘来之不易，与大自然之美缘、与人之美缘亦是如此。一切美缘均来之不易，自当珍惜再珍惜。

茶语

美缘。

乌龙柚子茶为再加工茶，也是民俗茶，产于福建省漳州市诏安县，为诏安县特产。与曾风靡一时的以柚子皮和蜂蜜制成的、名为"茶"实为果饮的柚子茶不同，乌龙柚子茶以闽南乌龙茶中的八仙茶和产于漳州的蜜柚为主料，以根据传统配方配制的、具有药用和保健功效的少量植物为辅料加工而成。因此，它是茶品，其汤为茶饮品。

乌龙柚子茶的产地福建省漳州市诏安县地处福建南部，故乌龙柚子茶又被称为闽南柚子茶。而"成功茶"之名称的来历，则与明代收复台湾的民族英雄郑成功有关。据传，郑成功在以福建为基地收复台湾的过程中，闽台地区出现了瘟疫，并因缺医少药，瘟疫迅速蔓延。郑成功得知消息后，根据疫情，取出军中特备药品——乌龙柚子茶，派人分发给百姓，并教授百姓饮用方法。不久，疫情消除，社会重归安定。在百姓的大力支持下，郑成功收复台湾，大获全胜。为感念郑成功的恩德，百姓将此茶命名为"成功茶"，而乌龙柚子茶从此也成为当地百姓祛病保健的良品。直至今天，当地不少人家仍将乌龙柚子茶作为家中必备之茶品，以养生保健、防病治病。

乌龙柚子茶的主料是闽南乌龙茶和漳州的蜜柚。其中，今天的闽南乌龙茶以产于诏安县八仙山上的八仙茶为优。八仙山上自古就产茶，后又选育了八仙茶。八仙茶为中华人民共和国成立后新培育并由国家评定的第一个乌龙茶良种，茶香为花香，香味多样而悠长，茶味醇厚滑润。其中，又以采摘于春节前后最寒冷时节的"雪片"为最佳（详见本书《八仙茶》一文）。所用蜜柚必须是种植于漳州的蜜柚。漳州蜜柚肉厚汁多，酸甜适度，清甜爽口，清香宜人，柚香和柚味悠长，是蜜柚中的良品。其中，又以产于平和县的琯溪蜜柚为最佳。顶级的乌龙柚子茶，便是以八仙茶中的"雪片"和漳州蜜柚中的琯溪蜜柚为主料制成。

作为乌龙柚子茶辅料的药理性、保健性植物所依据的是传统配方，配方不同，所加植物也有所不同，各家（农家和厂家）都有各自不同的配方，形成了乌龙柚子茶不同的特点。而存放年限不同，存放环境不同，乌龙柚子茶的色、香、味也会出现差异。我个人的体会是，诏安县鹤灵峰茶业有限公司制作的以桑叶、菊花、杏仁等为辅料的3年陈乌龙柚子茶，无论口感、香味还是外观都更佳。而无论何种配方，添加辅料的前提条件都是不得影响茶叶的主味和主香，因此，辅料只能是少量。

乌龙柚子茶的制作较为复杂：先用特制的工具将柚子肉从柚子皮中剥离，将果肉加工成浆状后，加入已制成的八仙茶干茶和根据传统配方配制的、具有药理性和保健性的植物搅拌均匀，再填入烤软的柚子皮中，用绳子捆紧，置于炉火上烘焙多天至完全干燥后，方成乌龙柚子茶。新制作的乌龙柚子茶一般都有一定的果酸味，存放1年后，则酸味渐除，果甜味显。

乌龙柚子茶的成品茶外形如柚子，各有其形状；色如深黑褐的黑铁色，亦坚硬如铁；柚子的清香加烘烤后的柚子皮的醇香充盈鼻中，存放3年后的还会有饱满的陈皮香，八仙茶的茶香从柚子皮的缝隙中隐隐飘出。将整个柚子茶装入布袋，以榔头敲成小瓣，取出后将干茶剥成片状，可见其中条索状的八仙茶干茶，阵阵柚子的清香和着八仙茶的醇茶香扑面而来，又弥漫在整个房间中，不由得令人有了开怀畅饮的欲望。

如前所述，因辅料配方和制茶人手法的差异，各家的乌龙柚子茶往往各有不同之处，而不同存放年份和环境的乌龙柚子茶茶汤也会有不同的色、香、味。以我所喝的诏安县鹤灵峰茶业有限公司所制作的3年陈乌龙柚子茶来说，其干茶为褐黑色，有浓郁的柚子的清香混合着茶的醇香，不经意间，有丝丝缕缕的桑叶和菊花的清香飘浮而过。取5—8克茶片（包括柚子皮）入杯，以沸水浸泡，大约7分钟后出汤，汤色为深橙色，如夕阳斜照下映着岸边金黄褐红秋叶的一江秋水。随着茶汤的晃动，波光盈盈，似美目含情，

一闪一闪。所谓"暗送秋波"，想必就是如此吧！茶汤的柚子清香和茶的醇香更加浓郁，桑菊之香则被隐匿了，而时有时无飘逸的是八仙茶特有的花香和柚子肉特有的甜香，浓而清新，茶香悠长，饮后数小时仍齿颊留香。茶汤醇厚柔滑润泽。经类似中药炮制工艺的烘焙后，蜜柚带微酸甜的果甜、桑菊杏仁的清甜，与闽南乌龙茶特有的回甘融合在一起，加上八仙茶特有的醇柔滑润，给人一种浓墨重彩的西洋油画般的茶感。

　　该款茶的茶气也颇足。3 杯入腹，腹中便有融融暖气上升；5 杯入腹，便有微汗沁出；7 杯入腹，全身如浴暖阳中，通体舒泰，心静神宁。

　　乌龙柚子茶可冲泡，可煮泡，也可浸泡和闷泡。以我的经验来说，冲泡所得茶汤太淡；煮泡所得茶汤，先太浓后太淡；而浸泡或闷泡所得茶汤，浓淡适宜，变化的层次分明，循序渐进，能得乌龙柚子茶之全味和真味。故而，我认为，浸泡和闷泡是泡饮乌龙柚子茶的最佳方法。

乌龙柚子茶新茶会有柚子的果酸味，存放 1 年之后，酸味逐渐消除，茶味更佳。

乌龙柚子茶具有清咽利喉、理气润肺、健脾开胃、祛寒去湿、消燥宁心等功效。

茶语

人生的滋养与守护。

# 香兰茶

香兰茶为海南省特产茶，也是海南省名茶，为再制茶，其以产自海南岛的香荚兰浓缩物与绿茶茶树青叶制成，有香兰绿茶和香兰红茶两款茶品。

香兰茶于1993年研制成功。香兰茶并非以鲜花窨制茶叶成茶品，其添加香是提取自香荚兰豆荚，加以浓缩后再添加到茶叶中，所制成香兰茶茶品在再制茶品中具有独特的地位。

用具有世界天然食品香料之王美誉的香荚兰豆荚提取物与高档绿茶、红茶干茶制成的香兰茶中，香兰绿茶汤色黄绿明亮；汤香为带有香草型巧克力香的天然香兰香，时有绿茶的清香飘忽而过，香气馥郁，清雅而悠长；汤味醇爽，微涩，有回甘。可在茶汤中加冰后成冰绿茶饮用，更为甘爽润滑。而香兰红茶色红艳明亮，汤香为香兰的甜香加红茶的

醇香，有一种亚热带盛夏海风拂面的热烈；汤味厚重香浓。可加奶、加糖成奶茶，也可加冰成冰红茶，品尝香兰红茶的另一种茶味。

茶香是当今国际流行的食品香，海南所产香兰茶也颇受国际茶人的喜爱。

茶语 | 欢迎你，来自远方的客人。

# 云南竹筒茶

    竹筒香茶简称"竹筒茶"，属绿茶，在文化研究范畴中，为风俗茶，产于云南，以当地出产的绿茶茶树新采摘的青叶储存于新砍下的青竹筒中制成，为云南省特产茶。

    竹筒茶是具有云南当地少数民族特色的茶品，在云南不少既产茶又产竹的少数民族聚居区都有制作，过去仅用于自饮和待客，现在也作为商品销售了。竹筒茶的制作一般是将新采摘的当地所产绿茶新叶萎凋后，装入新砍下的当地产的青竹筒中，然后封口储放，半年后，即可取出茶叶冲饮。

    竹筒茶茶品，以我喝过的来自被称为"世界上最古老的茶农"的德昂族的竹筒茶为例，干茶为淡绿色，条索状，茶香中带着竹子的清香。以100

摄氏度沸水冷却至 90—95 摄氏度冲泡，茶汤色明绿清亮；汤香是浓浓的绿茶香带着清爽的竹子香，不时还飘过一缕缕新竹特有的清甜之气；汤味醇滑，微涩，回甘快而饱满，略带一点茶叶特有的茶鲜味，茶香悠长，茶味悠长；茶底嫩绿秀丽。1 杯茶入口，便有身处幽幽竹林之感；3 杯茶入喉，便如有竹林清风夹着阵阵茶香习习吹拂全身，即使炎炎夏日，也心静身静，如在清凉之境。

茶语　心安致心静，身安致身静。以茶入安，以茶达静。

# 针

# 王

　　针王为绿茶调配茶之配制茶中的福州茉莉花茶，产于福建省福州市，以福州当地种植的绿茶茶树之嫩芽制成茶坯，以福州当地种植的茉莉花鲜花苞窨制，用传统茉莉花茶九窨九制工艺制作，由春伦茶业出品，目前为茉莉花茶中顶级的茶品。

　　针王以当年清明前 1—2 天采摘的、种植于福州当地的绿茶茶树之新生的一芽一叶之青叶制成茶坯，用三伏天采摘的、福州沿闽江两岸种植的茉莉花之新生长的花苞为窨制花，用传统的九窨九制工艺，经过 180 天九窨九制的加工工序制作为成品茶。其干茶为扁平状、细长秀丽；色润绿，茉莉花香清新而优雅。用 100 摄氏度沸水冷却至 95 摄氏度左右冲泡，且一冲

一饮，茶汤色嫩绿淡黄，春意盎然。汤香清雅，温柔可人，沁人心脾，绵绵悠长。汤香有很强的扩散性、穿透力和延展性，沸水入杯，香溢满室；茶汤入喉，怡神醒脑；茶尽人散，仍有余香满口满室。汤味醇润绵柔，甘甜滑爽，清凉的冰糖甜自始至终融于茶汤中，茶汤入口，即化作满口润柔滑醇的清甜。茶底鲜活嫩绿，匀齐柔软，铺陈如茵。

春意盎然的汤色、清雅清爽的汤香、醇爽润甜的汤味、绿茵如春草地的茶底，"针王"茶品就如同一曲青春圆舞曲，欢快地飘荡在春光中。

茶语

春天里的青春圆舞曲。

附录一　茶品主产地分布

## 二十一、浙江

此间的技，指的是技法——技巧与方法；此间的道，指的是义理——意义与道理。武夷岩茶的多样性和茶汤的多变性，决定了泡武夷岩茶的技巧与方法的复杂性，而当这一"技"的复杂性与我们所理解的茶的意义、茶告诉我们的道理相结合时，岩茶的"道"也就具有了丰富性和深邃性。所以，喝武夷岩茶，必须关注泡武夷岩茶的"技"与"道"，并在与武夷岩茶的交流中，不断认识、理解和领悟这一"技"与"道"的博大精深。也正是出于这种需要，与绿茶、黄茶、白茶、红茶、黑茶等的泡茶者不同，武夷岩茶的泡茶者，即使是茶馆中的泡茶服务员，也必须与饮者一起对岩茶的每一道茶汤进行品尝。唯有如此，泡茶者才能掌握合适的水量、时间和方法，从而泡出该茶最佳的茶汤。武夷山的岩茶制茶人有所谓"看天做青（茶青），看青做茶"的制茶之法，与之相对应，我将武夷岩茶的泡茶之法总结为"看茶注水，辨味出汤"，而内蕴于这"法"及由这"法"引导而来的，就是"道"。我将其概括为"以茶知理，由茶明道"。

按次序排列，我认为，武夷岩茶之泡茶技与道的程序如下。

### 1. 探茶

将适量干茶置入茶则中，以眼观之，以鼻嗅之，在与茶的初识中，以观与嗅了解干茶的信息，探寻这泡茶的个性与特征，与这泡茶初步建立交流关系。

## 2. 醒茶

将茶则中的干茶倒入已预热的盖杯（或茶壶。用盖杯或茶壶均可泡岩茶。为简洁起见，正文均用盖杯论之，实则包括了茶壶）中，盖上杯盖，并用手指按紧，双手握住盖杯上下左右摇晃，让茶叶与热杯壁充分接触，使茶叶内含的各种元素充分活跃，之后得以在沸水中释放；并且，边摇晃边倾听茶叶与杯壁碰撞时发出的声音，以感觉茶之音乐。十几秒钟后，停止摇晃，揭开杯盖，再次闻茶香。来自不同的品种、不同的产地与山场、不同的气候、不同的制作工艺等的岩茶有不同的声音和香气。如肉桂之声是"哐啷哐啷"，香气是浓郁的桂皮香，其中又以传统手工工艺制作的牛栏坑肉桂的声音最硬，香气最浓，有霸气感；水仙之声是"哐啷哐啷"，香气是悠长的兰花香，其中又以传统手工工艺制作的慧苑坑水仙的声音最柔，香气软而雅。如同唱歌有独唱、重唱、单声部齐唱和多声部合唱一样，岩茶也会因杯中茶叶是同一因素的单品种或不同因素（如产地）的单品种，或不同品种拼配而发出不同的声音，散发不同的香气，形成各自的茶之乐曲和香型。也如同独唱、重唱、齐唱、合唱各有其美一样，单品和拼配合适的岩茶也各有其妙乐与妙香。也正是在醒茶过程中，饮者可以学习如何静心净思，如何倾听，如何辨味，以及如何在倾听和辨识中了解他人和世间万物。

## 3. 润茶

在过去，因茶农的家庭作坊式生产的生产环境良莠不齐，有的茶叶生产过程中的卫生条件较差，有的制茶人的卫生意识较弱，所以泡岩茶有一道"洗茶"的程序——用沸水洗去茶叶的浮尘炭灰后，再注入沸水泡出茶汤饮之。但现在，企业化生产中生产环境和卫生条件都有了极大的改善，制茶人大多也有较强的卫生意识，加上原本"洗茶"也有浸润干茶，以利出汤的作用，所以我将"洗茶"改为"润茶"。具体而言，醒茶后，将沸水沿盖杯壁团圈慢慢注入盖杯中，至九分满，用杯盖撇去浮起的碎末，3秒钟后，干茶有所润泽即倒出茶汤。在注水过程中，随着叶片润水后不同程度的展开，当还略有硬度的叶片碰到杯壁时，静下心来，会听到轻微的或"铮"或"叮"或"铛"的不同声响，将这此起彼伏的声音连起来，就是另一曲与干茶茶乐不同的茶乐，让我们进入茶的又一重世界。润茶后得到的茶汤被称为"头道茶"。将头道茶品饮，我称之为"相见欢"——与茶相见欢，与泡茶人相见欢，与喝茶人相见欢——一种中国传统文化精神在此得以体现。将头道茶汤存之，待证茶后品饮，我称之为"再回首"——回过头来与记忆中喝过的各道茶汤进行比较式鉴赏，与茶底进行对应式论证，人文式的个人体验与科学式的实证研究就如此完美地集中于一叶叶岩茶上。

一般的武夷岩茶可出汤七八道（包括头道茶）。就泡茶的"技"与"道"而言，其中的前3道为"冲茶"，意在以水的冲力让茶更迅速广泛地释放内在的色、香、味，让饮者得以认知本泡茶，并在认知中加以体会和品味；后4（5）道为"浸茶"，意在以水的张力让茶全面、充分地释放内在的各种元素，让饮者得以进一步了解此泡茶，并在了解中加以鉴定和欣赏。对于可出汤七八次以上的高品质武夷岩茶而言，主要是通过增加浸泡次数，延长浸泡时间，甚至煮泡来增添出汤次数的。那些顶级的武夷岩茶出汤十几道后还能煮泡两三次，煮出的茶汤虽岩韵已薄淡，但会生出一种类似竹叶或棕叶等的清香，汤味也转为甘蔗等植物性的清甜。这就是民间所说的"好茶不怕煮"。以下按出汤次序，对"冲茶"和"浸茶"做进一步解释。

## 4. 冲茶（沿边缓冲）

沿盖杯杯壁，以适当的高度，将沸水缓慢注入，以水的冲力，使处于盖杯边缘和中间的茶叶条索随水流进行交换，让茶叶得以进一步润泽。水至七八分满时停止注入，盖上杯盖，3秒钟后出汤，请饮者第一次观、闻、品。出汤时，由于武夷岩茶品种和制作工艺等的不同，汤面或多或少会有一些以茶皂素为主要成分的泡沫，可不撇除。当然，如这一茶沫中茶屑较多，为了茶汤的清爽与干净，就不得不忍痛割爱，加以撇清了。

### 5. 冲茶（中心直冲）

在适当的高度，对着盖杯中心的茶叶条索直接注入沸水，以较大的冲力，使处于盖杯上层和下层的茶叶条索随水流进行交换，让茶叶得以进一步润泽。水至七八分满时停止注入，盖上杯盖，3秒钟后出汤，请饮者再次观、闻、品。

### 6. 冲茶（中间带直冲）

在适当的高度，在盖杯边缘与中心的中间带团圈直接注入沸水，使处于边缘与中心、上层与下层的茶叶（条索与已展开的叶片）随水流全方位地进行交换，促使所有的茶叶条索展开成叶片，让武夷岩茶中的物质全面释放。水至七八分满时停止注入，盖上杯盖，5秒钟后出汤，请饮者第3次观、闻、品，并请饮者说茶——谈自己的感受与体会。武夷岩茶的品评强调茶过3道水后才言说。这一方面在于武夷岩茶在3道水后，内在物质才能全面释放，另一方面在于武夷岩茶的品评更注重饮者对所饮之茶的认知、感受和体会。所以，在饮武夷岩茶时，对头两道茶，常饮者大多不会多加言说，以观、闻、品为主，饮过3道茶后，他们才会或言说或评论。

### 7. 浸茶（快浸）

沿盖杯杯壁缓缓注入沸水，以水的张力，使处于边缘的茶叶叶片得到更充分的浸泡，更好地释放内在物质。水至六七分满时停止注入，盖上杯盖，8秒钟后出汤，请饮者边观、闻、品，边与前3道茶及其他茶品进行比较，对本款茶进行初步的鉴定与欣赏。一般而言，非正岩茶，尤其是外山茶，第4道茶汤与前3道茶汤之间会有很大落差，我将之称为"跳水"，而正岩茶茶韵的持久、茶味的稳定、茶香的悠长、茶色的持稳也就在这比较中突显出来，成为饮者的欣赏点。

### 8. 浸茶（缓浸）

以适当的高度，在盖杯的茶中心处缓慢注入沸水，使处于中心的茶叶叶片得到更充分的浸泡，更充分地释放内在物质。水至六七分满时停止注入，盖上杯盖，12秒钟后出汤，请饮者观、闻、品后，根据自己对该款茶及该道茶汤传递的信息（即茶说）的认知、感知和体会，对该款茶的个性及特征进行探讨和欣赏（即说茶）。而由于内在物质持续不断释放，有经验的饮者通过品味和鉴别，也能从这道茶汤中辨识出该款茶是单个茶品还是拼配茶品，以及拼配的具体茶品名称，乃至制作工艺、制作时的气候、茶青产地等。

## 9. 浸茶（慢浸）

以适当的高度，在盖杯的边缘和中心的中间带慢慢注入沸水，使处于中间的茶叶叶片得到更充分的浸泡，更好地释放内在物质。水至五六分满时停止注入，盖上杯盖，18秒钟后出汤，请饮者观、闻、品后，进一步根据茶说来说茶。

## 10. 浸茶（强浸）

以适当的高度，往盖杯中茶的边缘向中间直至中心，再由中心至边缘缓慢地团圈注入沸水，使杯中所有的茶叶叶片都得到充分的浸泡，全面释放内在物质。水至五六分满时停止注入，盖上杯盖。25秒钟后出汤，请饮者做最后的观、闻、品。因此时除被焙得失去活性而僵硬的或因盖杯过小被禁锢了的茶叶外，杯中其他茶叶基本得以完全展开，内在物质基本得以彻底释放，因此可以更准确地进行鉴别、评说和欣赏。

品茶结束后，从全面、深入地认茶、识茶、知茶、品茶、悟茶出发，可以有一道"证茶"的程序。即通过考察、求证茶底——泡过的茶叶，对相关的认知、感受、体会、感悟等进行论证。这一论证往往包括两个层面：一是证实——证明相关认知、感受、体会、感悟的真实性，真实的存在和存在的真实；一是证伪——证明相关认知、感受、体会、感悟的虚假性，虚假的存在和存在的虚假。而无论是证实还是证伪，都能让饮者长知识，增见识，添经验，也是一个很有趣和很有益的过程。

具体而言，证茶的程序如下。

## 1. 长坐杯

在盖杯中泡过的茶中再注入八九分满的沸水，盖上杯盖，3—5 分钟后出汤，饮之，然后讨论该款茶的品种、产地、工艺及特征等，并加以证明。因浸泡时间越长，越能让茶叶深层的物质（包括原生态的内在物质和工艺形成的内在物质）充分释放，所以这长坐杯也是最能考验一款茶品质的"恶招"，故武夷岩茶界称之为"恶泡"。一般而言，恶泡后，武夷岩茶茶品的高低良莠立见，泾渭分明。

## 2. 看茶底

将泡过的茶叶叶片置于茶盘中，观察它的叶片特征、茶品构成、相关工艺等，求证由此形成的该款茶的个性与特征，以及带给饮者的感受。

证茶过程是饮者更认真、更全面深入地倾听茶叶自己说，而非制茶人乃至茶商说的一个过程，也只有不断通过这一听茶自己说的过程，我们才能真正地逐步认识茶、知晓茶、懂得茶，才能开始说茶，直至悟茶。

再次说明，以上说的用盖杯泡武夷岩茶的技与道，用茶壶泡亦可如此。只是为行文方便，才以盖杯通称之。

基于社会学学者的研究惯性，考虑到内容的易读性和易操作性，我将上述泡武夷岩茶的技与道制成表格，以供参考。

# 泡武夷岩茶的技与道

| 次序 | 程序名称 | 出汤排序 | 技（技巧与方法） | 道（意义与道理） |
|---|---|---|---|---|
| 1 | 探茶 | — | 将待泡的干茶置入茶则中，用眼观、鼻嗅探查该款茶的相关信息。 | 初步认知该款茶的个性和特征，与之初步建立交流关系。 |
| 2 | 醒茶 | — | 将茶则中的干茶倒入已预热的盖杯中加以适度摇晃10次左右。 | 使茶中的物质充分活跃，之后得以在沸水中释放；听茶音，闻茶香，观茶色，进一步了解该款茶的个性和特征；学习倾听和辨识，学习如何静心净思。 |
| 3 | 润茶 | 1 | 沿杯壁缓冲：沿盖杯边内壁团圈缓慢注入沸水，至九分满，盖上杯盖，3秒钟后出汤。茶沫中如有茶屑，可撇去茶屑后出汤；如无茶屑，可保留茶沫直接出汤。 | 浸润干茶条索；倾听干茶的水中之音；从茶汤的色、香、味中认知该泡茶。该道茶汤出汤后即喝，名为"相见欢"，存之最后喝，名为"再回首"。 |
| 4 | 冲茶 | 2 | 沿边缓冲：在适当的高度，沿盖杯内壁注入沸水，使边缘与中心的茶随水流交换，水至七八分满时停止注入，盖上杯盖，3秒钟后出汤。 | 以水的冲力促使茶叶条索展开，激发茶叶表层物质的挥发，催发茶叶深层物质，使之开始活跃，最终使本款茶的色、香、味达到最佳，让饮者能更好地品味和体会到本款茶的茶韵和茶意。 |
| | | 3 | 中心直冲：在适当的高度，对茶中心注入沸水，使干茶条索随水流交换，水至七八分满时停止注入，盖上杯盖，3秒钟后出汤。 | |
| | | 4 | 中间带直冲：在适当的高度，在盖杯边缘和中心之间的区域团圈注入沸水，使茶叶全方位随水流交换。水至七八分满时停止注入，盖上杯盖，5秒钟后出汤。 | |
| 5 | 浸茶 | 5 | 快浸：在适当的高度，沿盖杯边内壁缓缓注入沸水，待水至六七分满时停止注入。盖上杯盖，8秒钟后出汤。 | 以水的张力让本款茶的内在物质得以充分释放，使茶汤更具个性特征，饮者能更好地进行品鉴和欣赏。 |
| | | 6 | 缓浸：在适当的高度，对着茶叶中心位置缓慢注入沸水，待水至六七分满时停止注入，盖上杯盖，12秒钟后出汤。 | |
| | | 7 | 慢浸：在适当的高度，对着盖杯边缘和中心之间的区域缓慢注入沸水，待水至六七分满时停止注入。盖上杯盖，18秒钟后出汤。 | |
| | | 8 | 强浸：在适当的高度，按边缘—中间—中心团圈两次缓慢注入沸水，水至五六分满时停止注入。盖上杯盖，25秒钟后出汤。 | |

| 次序 | 程序名称 | 出汤排序 | 技（技巧与方法） | 道（意义与道理） |
|---|---|---|---|---|
| 6 | 证茶 | 9 | 长坐杯：在杯中的茶底中再注入沸水，至七八分满时停止注入。盖上杯盖，3—5分钟后出汤。 | 通过对茶底（残茶）的茶汤和叶片的观察、品味、讨论和论证，对该款茶的品种、工艺、产地以及个性和特征、冲泡手法与结果等进行证实或证伪，以更多地增长相关见识、知识和经验，更准确和客观地识茶、知茶、懂茶，更深入和深刻地说茶、思茶和悟茶。 |
| | | 10 | 看茶底：将泡过的残茶倒入茶盘中观察。 | |

需说明的是，此文中的"技"与"道"是我个人的心得体会，而除"醒茶"外，其他的命名也是我个人思考的结果，并非来自武夷岩茶界的命名。在此献丑，期待各位茶友的指正。

［注：本文曾收录于拙著《茶生活》（清华大学出版社，2019年）一书，此间对错别字进行了修改并根据读者的建议，对一些词句略加修改，使之更为明确。］

相较于一些茶人所说的"水是茶之母"，我更认为水是茶之魂。因为茶韵并非孕育于水中，生长于水中，而是水给予了茶生命的灵魂，使之从"无情的草木"转型为有灵魂的生命体。

水对茶的影响是贯穿茶的一生的。而就茶品而言，水对茶的影响至少体现在以下 3 个方面。

首先，当然是水品。

早在唐代，张又新的《煎茶水记》、陆羽的《茶经》中就有对他人或自己鉴水试茶后的评判，并将试茶的天下之水分成高低不同的等级。而一般认为，水源流动、水质洁净、水色清爽、水体轻软、水味甘甜，即活、洁、清、轻、甘的水为适合沏泡茶的好水。那么，好水何来? 古人认为，活、洁、清、轻、甘的山泉水为上品; 虽活但混入了较多杂质，不甘不清不洁的江河湖水次之; 虽有甘甜味但活力较低，渗入物味道杂陈的井水又次之。而古典小说中，也有小姐集露水、文人集雨水、僧尼集雪化水用以沏泡茶的诸多描述。

我尚无以露、雨、雪之类"无根水"沏泡茶的经验，也尚无品尝"无根水"茶水或茶汤的经历。近几十年来，环境污染造成地理环境和气候条件的巨大变化，古人评水的标准虽仍可用，择水的标准却有较大的变化，且水的来源也扩展了许多，如来自自来水厂的自来水，以及如纯净水之类的加工水。从我的体验看，一是以水品论，流动的

附录三　水是茶之魂

# 附录三　水是茶之魂

相较于一些茶人所说的"水是茶之母"，我更认为水是茶之魂。因为茶韵并非孕育于水中，生长于水中，而是水给予了茶生命的灵魂，使之从"无情的草木"转型为有灵魂的生命体。

水对茶的影响是贯穿茶的一生的。而就茶品而言，水对茶的影响至少体现在以下 3 个方面。

首先，当然是水品。

早在唐代，张又新的《煎茶水记》、陆羽的《茶经》中就有对他人或自己鉴水试茶后的评判，并将试茶的天下之水分成高低不同的等级。而一般认为，水源流动、水质洁净、水色清爽、水体轻软、水味甘甜，即活、洁、清、轻、甘的水为适合沏泡茶的好水。那么，好水何来? 古人认为，活、洁、清、轻、甘的山泉水为上品; 虽活但混入了较多杂质，不甘不清不洁的江河湖水次之; 虽有甘甜味但活力较低，渗入物味道杂陈的井水又次之。而古典小说中，也有小姐集露水、文人集雨水、僧尼集雪化水用以沏泡茶的诸多描述。

我尚无以露、雨、雪之类"无根水"沏泡茶的经验，也尚无品尝"无根水"茶水或茶汤的经历。近几十年来，环境污染造成地理环境和气候条件的巨大变化，古人评水的标准虽仍可用，择水的标准却有较大的变化，且水的来源也扩展了许多，如来自自来水厂的自来水，以及如纯净水之类的加工水。从我的体验看，一是以水品论，流动的

山中水，包括山泉水、山溪水、山涧水、山塘水等为最好，其大多具备活、洁、清、软、甘的特质；大城市氯味颇重的自来水最差，用其沏泡的茶色香味均荡然无存。二是一般来说，南方的水较轻软，北方的水较重硬，因此，南方的水更适合沏泡茶。三是用当地的水沏泡当地的茶，能获得最好的茶味。古时就有"蒙山顶上茶、扬子江心水"之说，"龙井茶、虎跑水"至今仍是最佳的茶水伴侣。而用武夷山溪水冲泡的武夷岩茶、正山小种红茶的茶味是用其他任何水源的水冲泡都难以企及的。四是不同的茶品适应于不同的水，或者说，不同的水适用于不同的茶品。比如，矿物质含量较高的虎跑水是龙井茶的绝配，但若冲泡武夷岩茶，会使之降低香味和回甘，甚至产生异味。五是在所有的茶品中，微量元素和矿物质含量较高的武夷岩茶是对水的要求最高的茶品。它排斥矿泉水，因为过多的矿物质含量会干扰甚至改变它原有的茶性；它排斥纯净水、蒸馏水之类的加工水，因为这类水缺乏使它发挥茶性的活力；它排斥酸碱度（pH 值）低于 6 或高于 8 的水，因为酸碱度过高或过低，都不利于茶性的发挥，会异化原有的茶性。在得不到武夷山中水的情况下，我遇到的最好的替代品是来自长白山的"泉阳泉"瓶装水，其次是水源地是浙江千岛湖的"农夫山泉"瓶装水。之所以强调其水源地必须是浙江千岛湖，是因为采自这一水源地的"农夫山泉"的 pH 值（其 pH 值约为 7）和矿物质含量，较有利于武夷岩茶茶性的发挥，除此之外的采自其他水源地的"农夫山泉"水产品，对武夷岩茶的茶性或多或少有干扰乃至损伤。基于此，在找不到最佳水品时，我也会将来自千岛湖的农夫山泉作为"百搭水"，沏泡所有的茶品。

其次是以适当的方法煮水。

要煮出合适的沏泡茶的用水，至少有三大要点。一是燃料洁净、安全、没有异味。任何不利于健康、有异味的燃料，即使有香味，也会破坏茶本身的香味，所以绝不可用。目前，绝大多数人用电炉（包括电磁炉、电陶炉等）煮水沏泡茶。电炉煮水的两个好处是保证了水不被二次污染（燃料污染）

和快捷，最大的不足之处是在煮的过程中，因缺乏水与燃料分子的交流，水的活性度较低。古人云，活水还得活火烹，而最佳的活火是硬木烧制成的木炭的炭火。只是如今硬木炭难求，炭炉难求，住房狭小恐一氧化碳肇事，室外恐危及公共安全。活火烹活水已是难求，退而求其次，且以电炉煮水。

　　二是容器洁净、安全、没有异味。水是置于容器中在炉火上烹煮的，所以煮水容器的洁净、安全、无异味也十分重要，否则，水在煮的过程中就会混入容器中的异味。异味融入水中，即便是香味，也会破坏茶原有的茶性乃至茶韵。在我用过的煮水容器中，陶壶（包括白陶壶、黑陶壶、紫砂壶等）的土质对水的洁净功能较强，内含的微量元素较适宜茶性的发挥，且陶壶所需煮水时间较长，能让人静下心来进行泡茶、品茶的器物准备和心理准备，煮出来的水更洁、净、软、静。此外，陶壶的保温性也较强。所以陶壶最佳。瓦罐壶煮水的功效与陶壶不相上下。但泥土制成的瓦罐壶煮水时间略长，煮出来的水有时会有一些土腥味，所以瓦罐壶次之。铁壶因富含铁元素，较之陶壶、瓦罐壶煮出来的水更软，且煮水速度也较快，但铁原子间的空隙小于陶土和泥土内各原子间的，所以铁壶对水的洁净功能和对茶尤其是对武夷岩茶茶性的催发性也就低于陶壶和瓦罐壶了。而煮水速度快的另一面就是有时难免心未静而水已煮成，匆忙中难以恰到好处地泡出茶之佳味，品到茶之真味。所以，铁壶再次之。玻璃壶能保持水的原样，易于观察水的沸腾状况，但无其他明显优点，所以玻璃壶第四。不锈钢壶和铝壶中的金属原子易造成水质的硬化，此类壶煮出的水品最硬，水品好的软水也难免被煮成水品差的硬水。我喝过用银壶煮水冲泡的茶汤。在所有的金属壶煮出的水中，银壶煮出的水是最软的，但其也具有铁壶的诸多不足，且有奢靡浮华之嫌，与茶之质朴、自然、清静的本性相背离。所以，我认为银壶可偶尔玩之，而不可作为沏泡茶之常用器具。

　　此外，煮水壶有时也会用来煮茶或煎茶，而就煮茶或煎茶而言，陶壶最佳，瓦罐壶次之，玻璃壶再次之。用金属壶煮茶或煎茶，茶汤或多或少会有一种金属的异味，比如铁壶的铁腥乃至铁锈味，会破坏茶之原味。所以，煮茶或煎茶最好不要用金属壶，当然，以上关于煮水、煮茶或煎茶容器的评论，只是源于我自己感受和体验的一得之见、管窥之见。此间录之，仅为一议。

要多说几句的是，近些年来，不少地方因环境污染，土壤的安全性大大降低；不少企业在加工铁壶或铜壶时，所用原料不是生铁或原铜，而是废铁废铜。用被污染的土或废金属制作的壶烧煮的食用水安全性低。因此，就总体而言，用20世纪80年代以前的老壶、旧壶烧煮食用水当是更有利于健康的。

再次是煮水的时间和沏泡茶的水温要恰当。

水煮沸时间过短，煮出的水谓之"嫩水"。嫩水中的水分子和微量元素未被激活，对茶性的催发力也就不足。水煮沸时间过长，煮出的水谓之"老水"。老水中的二氧化碳大量挥发，会影响水的鲜爽性，而产生的水合作用也会使水产生陈汤味，对茶味、茶香产生不利影响。一般来说，水在煮沸后30秒钟内沏泡茶最佳，最好不要用多次煮沸的水沏泡茶，无论是不发酵的绿茶、微发酵的白茶、轻发酵的黄茶，还是中发酵的青茶（乌龙茶）、重发酵的红茶、重发酵或重发酵加后发酵的黑茶，均如此。近年来，一些武夷岩茶发烧友倡导一次沸水只泡一道茶，一道茶煮一次水，余水弃之不重复烧煮的煮水泡茶法，我将此称为"一沸一道法"。以此法泡茶虽比较麻烦，但每道均用新水，泡出的武夷岩茶之色、香、味确能达到最佳，也能让人更准确地体验到每道茶汤的变化之处，有兴趣者不妨一试。

由于茶性不同，在沏泡每一类茶时，所对应的水温也应不尽相同。比如，微发酵的白茶、中发酵的青茶（乌龙茶）、重发酵的红茶、重发酵或重发酵加后发酵的黑茶等，水温以100摄氏度为宜。水温过低，难以激活和催发茶性，即所谓"泡不开茶"；水温过高，会迅速固化茶叶中的活性成分，使茶叶失去原有的色、香、味，即所谓"泡熟了茶"。去过西藏、青海的茶人，可能都有过在那里"好水好茶喝不出好茶味"的经历，我在甘肃兰州的山区也有过喝不到岩茶、铁观音原有之茶滋味的经历。经同行者几番探究，才发现我们所在的兰州山区的水的沸点是 99 摄氏度，只差 1 摄氏度，就泡不开需 100 摄氏度沸水才能泡开的武夷岩茶和铁观音，使之失去原有的茶韵。而对于水的沸点在 98 摄氏度以下的西藏、青海等高原地区来说，"泡不开茶"更是一种常态了。

在煮水之后接踵而来的就是茶之沏泡，即茶与水／水与茶的相互作用了。作为"好水好茶好味好韵"的扛鼎之举，沏泡方法是否适宜也非常关键。就喝茶而言，有"牛饮"和"细品"之分。"牛饮"为粗放型，以解渴为主，不讲求沏泡方法，可以两大把茶叶三大勺沸水冲泡成大碗茶，亦可以一撮茶叶泡水喝一天。"细品"是精细型，以品评鉴赏为主，讲求以准确、适宜的方法最大化地显现好水好茶的品质和特性。所以，凡品茶者，均十分重视茶之沏泡。《现代汉语词典》（第 7 版）中"沏"的释义为"（用开水）冲；泡"；"泡"的释义为"较长时间地放在液体中"。较之这一通用性的解释，在品茶的范畴内，从字形出发——"沏"为水切入，"泡"为水包围，我更愿意将"沏茶"解释为以相应水温之水迅速淋冲（茶叶不浸于水中）或淋泡（茶叶浸于水中）茶叶，得到饮用的茶水后，茶叶不再与水接触，待再要品茗时，再次用相应水温之水淋冲或淋泡；"泡茶"为让茶叶在一定时间内置于相应水温之水中，以获取饮用的茶水、茶汤，而"泡"又分为淋泡（细缓水流淋浇茶叶）、冲泡（粗急水流冲击茶叶）、浸泡（茶叶完全或不完全地浸于水中，被水全包围或半包围）、煮泡（将茶叶置于冷水或温水、热水中煮沸）、煎泡（将茶叶置于冷水或温水、热水中，用小火慢慢煮沸并使水分逐渐挥发到一定的程度）等。不同的茶品适用于不同的沏泡方法。一般而言，绿茶、黄茶、花茶适合沏泡，白茶、青茶（乌龙茶）、红茶适合淋泡和冲泡，黑茶适合煮泡；而同一茶品在品饮到一定程度后，也可使用不同的沏泡方法。最典型的就是乌龙茶：就一般而言，在四五道水后，适合浸泡（俗称"坐杯"）催发茶性。而好的武夷岩茶在浸泡之后，还可再煮泡，获得新的茶感。当然，在煮泡已喝过的武夷岩茶时，最多注入一道水的水量。否则，茶味就淡如水了。

"好水出好茶"的收官要点是品饮器皿的洁净、安全、适宜和茶水 / 茶汤量的合适。就品饮器皿而言，以材质论，有陶、瓷、竹、木、玻璃、金属等；以样式论，有杯、盏、碗、盅、壶等；以形制论，有方、柱、斗笠、鼓、竹节、梅花等；以外部加工论，有涂色与不涂色、单色与多色、上釉与不上釉、单色釉与多色釉、白色釉与彩色釉等。人们会出于某种原因，为了某种目的而选择某一器皿。但不论何种选择，与水品、煮水燃料、容器一样，洁净、安全、无异味都是选择品饮茶器皿的基本条件，否则，也必然品尝不到茶应有的茶性或不利于健康。此外，注入器皿中的茶水 / 茶汤量也是有讲究的，一般以器皿的七分容量为最佳，少则难以品尝，多则难以端茶入口。对此，民间也有"七分茶，敬客茶；十分茶，送客茶"之说。当主人使客人难以端茶入口时，其送客之意当是不言自明了。

最后，必须强调的是，无论是煮水、沏泡还是品尝，环境和当事人自身的洁净、安全、无异物、无异味都是至关重要的，包括当事人需洗净脸、手等部位的化妆品，去除身上的化妆品气味，解除身上佩带的有气味的饰物，如沉香手串等。因为任何异物（如尘土、香烟灰、定妆粉、指甲油、口红等）、异味（如烟味、酒味、花味、除虫剂味、香水味、香烛味、烹调味等）若进入茶水 / 茶汤，喝茶就无异于喝杂烩水了。

在品茶范围内的水对茶的作用中，水品是基础，煮水是关键，沏泡是核心，品饮器皿是重点，环境和当事人是贯穿始终的主干，这5者的适宜，缺一不可。古人以"鉴水试茶"探讨水与茶的关系。事实上，反过来看，鉴水试茶的过程何尝不是"鉴茶试水"的过程？而就在鉴水试茶与鉴茶试水的过程中，茶构建了我们的生活，品饮茶成为我们日常生活的一个组成部分。

[注：本文原收录于拙著《茶生活》（清华大学出版社 2019 年版）一书，此间对错别字进行了修改，并根据读者的建议，对一些词句略加修改，使之更为明确。本文在修改过程中，得到了浙江省水利厅原厅长陈川先生的指教，特此感谢！]

　　本书是以我自己喝过的茶品为基础，结合品饮中的所思所想而撰写的。一路写来，才发现自己竟然喝过这么多的茶品，包括这么多的好茶品，真可谓茶福多多。事实上，我喝过的茶品远不止书中提及的这些。因篇幅所限，大约还有百余种我喝过和正在喝的茶品未能写入，其中也是佳品多多，珍品不少。再次感叹自己真是茶福多多！由此，一颗感恩之心始终跳跃在写作过程中，一种感激之情弥漫在字里行间。感谢大自然的造化，感谢茶业界（包括种植、制作、研制、营销等领域）人士的辛劳！茶福浩浩荡荡，源头即在于此。

　　我并非茶学专业出身。在本书的写作过程中，百度百科、搜狗百科等电子文库和《中华好茶》[①]《新茶经》[②]等纸质书成为我的良师益友，在我遇到一些茶学方面的问题时，为我答疑解惑，让我学到了许多茶知识，也使本书的写作过程成为一种快乐学习的过程。

　　除了网上和书本的学习外，在本书具体篇章的写作过程中，我也得到了福建省武夷山市正山堂茶业创立者江元勋先生、武夷山市武夷星茶业有限公司总经理李方女士、福建春伦集团有限公司领导人傅天龙先生、福建省武夷山瑞泉

---

[①]　华鼎国学研究基金会国茶文化专项基金管理委员会、华鼎国学研究基金会茶专家委员会编：《中华好茶》，中国商业出版社 2015 年版。

[②]　刘枫主编：《新茶经》，中央文献出版社 2015 年版。

茶业有限公司董事长黄圣辉先生、福建省漳州市商务局局长林百荣先生、浙江省龙泉市驻沪办事处主任徐懋平先生等的专业性指导与支持，在此一并表示深深的感谢！

本书的文字录入工作由浙江省社会科学院社会学研究所副研究员高雪玉女士负责，相关出版联络事宜由浙江省社会科学院社会学研究所副研究员姜佳将女士负责。在我退休之前，这两位都是我的同事加助手，在我进行科研项目和课题工作时，给了我很大的帮助和支持。在我退休后，也一如既往，支持和帮助我进行相关的研究和写作工作。真心感谢她们一直以来的帮助与支持！

2016 年，在中国社会学会秘书长谢寿光教授，中国社会学会生活方式研究专业委员会主任叶南客研究员、秘书长王爱丽研究员的大力支持下，我主持成立了茶生活论坛（属中国社会学会生活方式研究专业委员会），开展了相关的茶生活活动。由此，我开始以专业研究的精神、以非功利的游戏心态品茶。2019 年，在清华大学出版社编辑温洁女士的鼓励和鞭策下，完成了《茶生活》一书的写作，并由清华大学出版社出版，引起了不少茶业界人士和茶人们的关注。在这一基础上，我策划了"茶生活"丛书，首批 3 本书——《茶知道》《烹茶论古》《茶中漫步》——获得了浙江工商大学出版社编辑沈娴女士的首肯，被列入了年度出版计划。在茶文化出版物万紫千红、繁花似锦的今天，沈编辑独具慧眼，以其专业功底，看到了"茶生活"这一议题的重要性和必要性，这让我们看到了推广茶生活的广阔前景。沈编辑为本书的出版辛勤工作，保证了本书的高质量出版水平。特此也表示衷心的感谢！

交流和分享相关的感受和感悟，是饮茶的一大乐趣，也是茶生活的应有之义。在与茶友的茶聚，尤其是与旧时大学学友［杭州大学（今浙江大学）历史系七七级同学］、今日茶中密友（一起喝茶的亲密朋友）董建萍女士（浙江省委党校教授）、陈明女士（浙江省某著名房企原高管）、徐明女士（浙江电视台原编辑）、冯宇甦女士（浙江省社会主义学院原副院长），以及浙江大学教授刘云女士、浙江省人大常委会原副主任冯明女士、福建省税务局原局长臧耀民先生及妻子李晓英女士、香港《大公报》原副总编田志伟先生、浙江省水利厅原厅长陈川先生、药界人士张华安先生、企业界人士许绍伟先生等不时进行的茶聚中，我不断地拓展着茶生活视野，增长着茶生活知识，深化着对茶精神及茶生活内涵的理解，也获得了诸多的奇思妙想。在此一并致谢！

　　喝茶是一件快乐的事。对我而言，这一快乐不仅弥漫在喝茶的过程中，也一直延展到茶后，包括茶后的茶书或茶文写作。故而，作为我的茶生活一大内容，茶书和茶文的写作也是一件快乐的事。所谓茶乐多多，此亦一乐也！将自己的喝茶之乐和茶书、茶文写作之乐与诸位分享，从独乐乐到众乐乐，将独乐乐化为众乐乐，愿与诸位同乐！

　　想多说一句的是，因我不是茶业专业人士，书中所描述的茶品的特征如有遗漏、偏颇乃至错误之处，敬请读者指正。此外，因希望确定茶品之茶语，我对拙著《茶生活》（清华大学出版社 2019 年版）一书中的若干篇文章进行修改，确定了所属茶语后，收录进了本书。因此，虽篇名相同，如《白芽奇兰》《漳平水仙》，但内容却是有所不同的。特此说明。

　　近几年来，我又听说了许多未喝过的茶；在为本书写作查找资料的过程中，也发现了很多未曾喝过的茶，包括诸多好评多多的茶品，又一次感到自己对茶的见少识浅。本书只是浅见之作，期待以后在更多地识茶、知茶、思茶、悟茶中，能不断地得到弥补和提高。以利正确的茶知识的传播，让茶更有助于人们的健康和快乐！